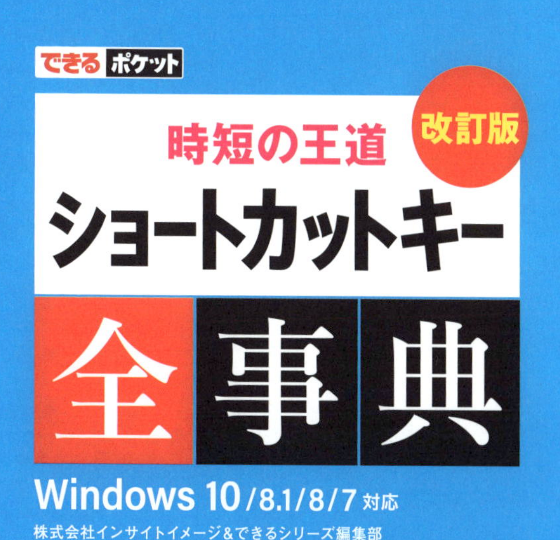

Windows 10/8.1/8/7 対応

株式会社インサイトイメージ&できるシリーズ編集部

インプレス

本書の読み方

本書では、実務に役立つショートカットキーを解説しています。通常の操作と比較した「倍速マーク」を参考に作業効率が上がるショートカットキーを試し、覚えた項目にはチェックマークを付けていきましょう。

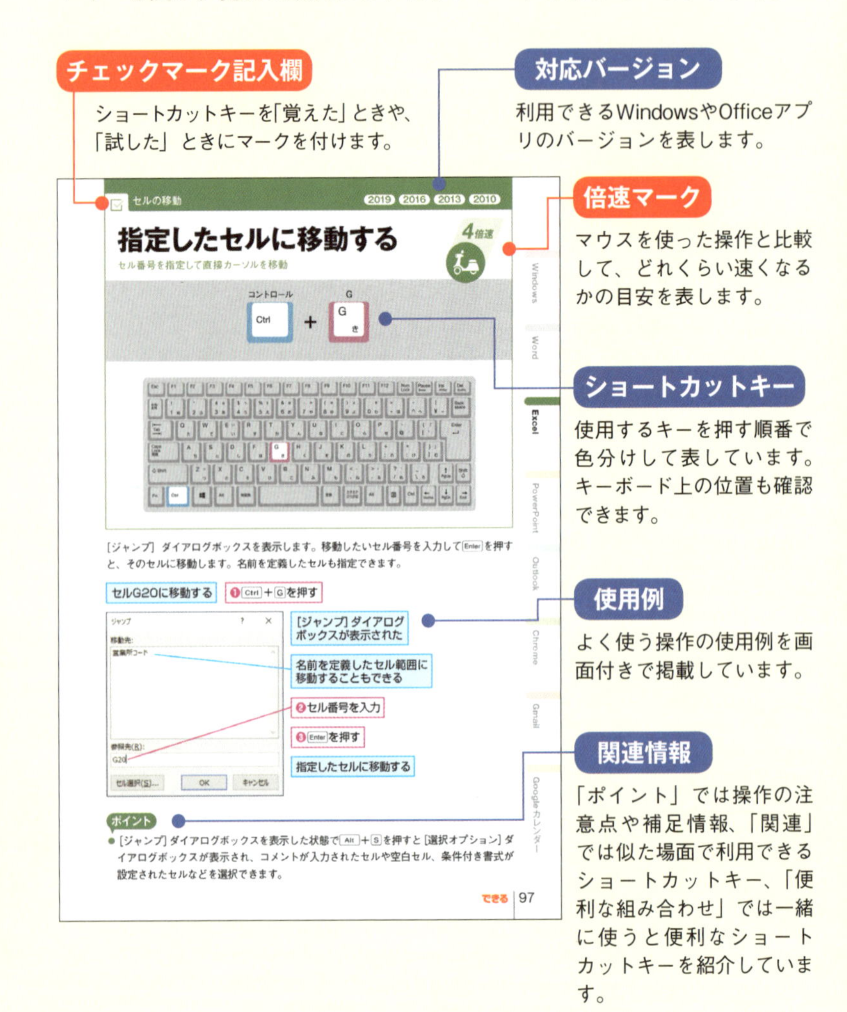

チェックマーク記入欄
ショートカットキーを「覚えた」ときや、「試した」ときにマークを付けます。
対応バージョン
利用できるWindowsやOfficeアプリのバージョンを表します。
倍速マーク
マウスを使った操作と比較して、どれくらい速くなるかの目安を表します。
ショートカットキー
使用するキーを押す順番で色分けして表しています。キーボード上の位置も確認できます。
使用例
よく使う操作の使用例を画面付きで掲載しています。
関連情報
「ポイント」では操作の注意点や補足情報、「関連」では似た場面で利用できるショートカットキー、「便利な組み合わせ」では一緒に使うと便利なショートカットキーを紹介しています。
セルの移動
2019 2016 2013 2010
指定したセルに移動する
セル番号を指定して直接カーソルを移動
4倍速
コントロール G
Ctrl + G
[ジャンプ] ダイアログボックスを表示します。移動したいセル番号を入力してEnterを押すと、そのセルに移動します。名前を定義したセルも指定できます。
セルG20に移動する
❶Ctrl+Gを押す
[ジャンプ] ダイアログボックスが表示された
名前を定義したセル範囲に移動することもできる
❷セル番号を入力
❸Enterを押す
指定したセルに移動する
ポイント
● [ジャンプ] ダイアログボックスを表示した状態でAlt+Sを押すと [選択オプション] ダイアログボックスが表示され、コメントが入力されたセルや空白セル、条件付き書式が設定されたセルなどを選択できます。
Windows
Word
Excel
PowerPoint
Outlook
Chrome
Gmail
Googleカレンダー
できる 97

倍速マークの算出方法について

各項目についている「倍速マーク」は、同じ操作を実行するための手順数を、ショートカットキーの場合とマウスやトラックパッドの場合で点数化し、それぞれを比較したうえで算出しています。ショートカットキーは1点とし、マウスは以下の基準（小数点以下は切り上げ）で点数を求めます。

●マウスを持つ	0.5点
●マウスを動かす	1点
●クリック／右クリック	0.5点
●ダブルクリック	1点
●ドラッグ	1.5点

例えば、前ページにあるExcelの「指定したセルに移動する」操作は、マウスの場合は以下の3.5点となるため、「4倍速」と表しています。

- マウスを持つ（0.5点）
- [ホーム]タブの[検索と選択]ボタンまでマウスを動かす(1点)
- [検索と選択]ボタンをクリック(0.5点)
- 表示されたメニューの[ジャンプ]までマウスを動かす(1点)
- [ジャンプ]をクリック(0.5点)

倍速マークは2倍速から9倍速まであります。なお、同じ操作がマウスで行えない場合は、筆者および編集部の判断で決定しています。

無料の一覧表をダウンロード！

本書をご購入のみなさまに、収録している全ショートカットキーの一覧表（PDFファイル）を提供いたします。よく使うアプリの表をA4サイズの用紙に印刷すれば、いつでも参照できて覚えやすくなります。

https://book.impress.co.jp/books/1118101084

※上記ページの［特典］を参照してください。ダウンロードにはCLUB Impressへの会員登録（無料）が必要です。

目次

本書の読み方 …………………………2
付録 …………………………201
索引 …………………………202

Windows編 13

デスクトップ	スタートメニューを表示する	2倍速	14
	デスクトップを表示する	2倍速	15
	Cortanaを起動する	2倍速	16
	設定画面を表示する	4倍速	17
	アクションセンターを表示する	2倍速	17
	Windows Ink Workspaceを起動する	5倍速	17
アプリの起動	タスクバーからアプリを起動する	2倍速	18
画面の切り替え	アプリやウィンドウを切り替える	4倍速	19
	タスクビューを表示する	4倍速	20
仮想デスクトップ	仮想デスクトップを追加する	6倍速	21
	仮想デスクトップを切り替える	4倍速	22
	仮想デスクトップを閉じる	4倍速	22
基本操作	操作を元に戻す	5倍速	23
	元に戻した操作をやり直す	2倍速	23
	すべての項目を選択する	4倍速	23
	複数の項目を選択する	3倍速	24
	項目を切り取る、コピーする	5倍速	25
	項目を貼り付ける	5倍速	25
	新規ウィンドウを開く／ファイルを作成する	5倍速	25
	クリップボードの履歴を表示する	9倍速	26
	ファイルを保存する	6倍速	27
	ファイルを開く	5倍速	27
	ファイルを印刷する	5倍速	27
	ショートカットメニューを表示する	2倍速	28
ファイルとフォルダー	エクスプローラーを起動する	2倍速	29
	アイコンの表示形式を変更する	4倍速	30
	前のフォルダーに戻る	2倍速	31
	戻る前のフォルダーに進む	2倍速	31
	親フォルダーに移動する	2倍速	31
	項目の名前を変更する	5倍速	32
	新しいフォルダーを作成する	3倍速	33

ファイルとフォルダー	項目を検索する	2倍速	33
	リボンを表示する	3倍速	33
	離れている複数の項目を選択する	3倍速	34
	項目を完全に削除する	6倍速	35
	ウィンドウを閉じる	2倍速	36
	プロパティを表示する	5倍速	37
	プレビューパネルを表示する	4倍速	38
	アドレスバーに履歴を表示する	2倍速	39
ウィンドウの操作	ウィンドウのメニューを表示する	2倍速	40
	ウィンドウを最大化、最小化する	2倍速	41
	ウィンドウを左半分、右半分に合わせる	4倍速	42
	すべてのウィンドウを最小化する	7倍速	42
	アプリを終了せずにウィンドウを閉じる	2倍速	42
画面	画面の表示モードを選択する	8倍速	43
	スクリーンショットを撮影する	9倍速	44
	スクリーンショットを撮影して保存する	9倍速	44
	指定した範囲のスクリーンショットを撮影する	9倍速	44
システム	［ファイル名を指定して実行］を表示する	9倍速	45
	［タスクマネージャー］を表示する	3倍速	46
	パソコンをロックする	7倍速	47
	クイックリンクメニューを表示する	2倍速	48

Word編 49

カーソルの移動	文書の先頭、末尾に移動する	2倍速	50
	前後の段落に移動する	2倍速	50
	前後のページの先頭に移動する	3倍速	50
	特定のページに移動する	4倍速	51
文字の選択	1行ずつ文字を選択する	3倍速	52
	1段落ずつ文字を選択する	4倍速	52
	文字を拡張選択モードで選択する	3倍速	52
	文字を矩形選択モードで選択する	3倍速	53
文字の入力	書式なしで文字を貼り付ける	5倍速	54
	改ページ記号を入力する	5倍速	55
	日付を入力する	4倍速	56
	現在時刻を入力する	8倍速	56

文字の入力	著作権記号を入力する	8倍速	56
文字の書式	文字を均等割り付けする	2倍速	57
	フォントを変更する	2倍速	58
	文字を1ポイント拡大、縮小する	4倍速	59
	フォントや色をまとめて設定する	3倍速	60
	太字に設定する	2倍速	61
	斜体に設定する	2倍速	61
	下線を引く	2倍速	61
	二重下線を引く	4倍速	62
	上付き文字にする	2倍速	62
	下付き文字にする	2倍速	62
文字書式の解除	設定した文字書式を解除する	4倍速	63
表	表を挿入する	5倍速	64
	表の行を選択する	2倍速	65
	表の列を選択する	2倍速	65
	表の行、列を削除する	5倍速	65
箇条書き	箇条書きに設定する	2倍速	66
行間	段落前に間隔を追加する	4倍速	67
	行間を広げる	4倍速	67
	行間を1行に戻す	4倍速	67
文字の配置	文字を中央揃えにする	2倍速	68
	文字を右揃えにする	2倍速	69
	文字を左揃えにする	2倍速	69
	文字を両端揃えにする	2倍速	69
インデント	左インデントを設定する	4倍速	70
	ぶら下げインデントを設定する	4倍速	71
段落書式の解除	設定した段落書式を解除する	3倍速	72
アウトライン	アウトライン表示に切り替える	4倍速	73
	段落のアウトラインレベルを変更する	3倍速	74
	段落を上下に入れ替える	3倍速	75
	見出し以下の本文を折りたたむ	3倍速	76
	レベル1の見出しだけを表示する	3倍速	76
スタイル	見出しスタイルを設定する	3倍速	76
	標準スタイルを適用する	3倍速	77
書式のコピー	文字や段落から書式をコピーする	3倍速	78
	コピーした書式を貼り付ける	3倍速	79

ヘッダーとフッター	ヘッダー、フッターを編集する	6倍速	80
文字数のカウント	文書内の文字数や行数を表示する	3倍速	81
検索と置換	文書内を検索する	3倍速	82
	置換を実行する	3倍速	82
	類似した書式の文字を選択する	4倍速	82

Excel編 83

データの入力	セル内のデータを編集する	3倍速	84
	同じデータを複数のセルに入力する	5倍速	85
	上のセルのデータをコピーする	4倍速	86
	左のセルのデータをコピーする	4倍速	87
	上のセルの値をコピーする	4倍速	87
	上のセルの数式をコピーする	5倍速	87
	同じ列のデータをリストから入力する	4倍速	88
	フラッシュフィルを利用する	4倍速	89
	日付を入力する	8倍速	89
	現在時刻を入力する	8倍速	89
数式の入力	合計を入力する	2倍速	90
	セル範囲の名前を入力する	4倍速	91
セルの挿入と削除	セルを挿入する	4倍速	92
	セルを削除する	4倍速	93
セルの移動	セル A1 に移動する	7倍速	94
	表の最後のセルに移動する	7倍速	95
	表の端のセルに移動する	5倍速	96
	指定したセルに移動する	4倍速	97
セル範囲の選択	一連のデータを選択する	4倍速	98
	表全体を選択する	4倍速	99
	「選択範囲に追加」モードにする	2倍速	100
	「選択範囲の拡張」モードにする	2倍速	101
	表の最後のセルまで選択する	7倍速	101
	列全体を選択する	2倍速	101
	行全体を選択する	2倍速	102
行と列	行、列を非表示にする	4倍速	103
罫線	外枠罫線を引く	4倍速	104
	罫線を削除する	4倍速	105

文字の書式	文字に取り消し線を引く	6 倍速	106
セルの書式	セルの書式設定を表示する	3 倍速	107
表示形式	パーセント（%）の表示形式にする	2 倍速	108
	通貨の表示形式にする	2 倍速	109
	桁区切り記号を付ける	2 倍速	109
	標準の表示形式に戻す	4 倍速	109
操作の繰り返し	セルに対する操作を繰り返す	7 倍速	110
数式の表示	セルの数式を表示する	4 倍速	111
テーブル	表をテーブルに変換する	4 倍速	112
ピボットテーブル	ピボットテーブルを作成する	4 倍速	113
グラフ	グラフを作成する	4 倍速	114
クイック分析	クイック分析を使う	5 倍速	115
フィルター	フィルターを設定する	3 倍速	116
グループ化	行、列をグループ化する	4 倍速	117
セル範囲の名前	選択範囲の名前を作成する	4 倍速	118
	セル範囲の名前を管理する	4 倍速	119
検索と置換	データを検索、置換する	4 倍速	120
コメント	コメントを挿入する	4 倍速	121
	コメントがあるセルを選択する	7 倍速	122
ワークシート	ウィンドウ枠を固定する	5 倍速	123
	前後のワークシートに移動する	3 倍速	123
	シートを左右にスクロールする	3 倍速	123
	ワークシートを追加する	2 倍速	124
	ワークシートの名前を変更する	3 倍速	124
	ワークシートを削除する	4 倍速	124

PowerPoint編 125

スライド	次のプレースホルダーに移動する	2 倍速	126
	新しいスライドを追加する	2 倍速	127
	スライドのレイアウトを変更する	3 倍速	128
	スライドのテーマを変更する	4 倍速	129
	非表示スライドに設定する	4 倍速	129
	スライドやオブジェクトを複製する	4 倍速	129
アウトライン	アウトライン表示に切り替える	4 倍速	130
オブジェクト	複数のオブジェクトをグループ化する	4 倍速	131

オブジェクト	図形を挿入する	4倍速	132
	オブジェクトの大きさを変更する	2倍速	132
	オブジェクトを回転する	2倍速	132
	フォントや色をまとめて設定する	2倍速	133
	文字を上下中央揃えにする	4倍速	133
表示の切り替え	領域（ペイン）間を移動する	2倍速	133
	ルーラーの表示を切り替える	4倍速	134
	グリッドの表示を切り替える	4倍速	134
	ガイドの表示を切り替える	4倍速	134
	スライド一覧に切り替える	4倍速	135
スライドショー	スライドショーを開始する	3倍速	136
	［すべてのスライド］を表示する	5倍速	137
	指定したスライドに移動する	5倍速	138
	スライドショーを中断する	5倍速	138
	表示中のスライドを拡大、縮小する	5倍速	138
	マウスポインターをペンに変更する	4倍速	139
	マウスポインターをレーザーポインターにする	4倍速	140
	スライドへの書き込みを消去する	5倍速	140
	マウスポインターを常に表示する	5倍速	140

Outlook編 141

画面の切り替え	Outlook の機能を切り替える	2倍速	142
	フォルダーを移動する	3倍速	143
	メールを別のウィンドウで開く	2倍速	144
メールの作成	新しいメールを作成する	4倍速	145
	メールに返信する	2倍速	146
	メールを転送する	2倍速	146
メールの整理	前後のメールを表示する	3倍速	146
	メールを削除する	3倍速	147
	メールを未読にする	2倍速	147
	新着メールを確認する	4倍速	147
予定表	予定を作成する	4倍速	148
	予定表の表示期間を切り替える	2倍速	149
	前後の週に移動する	3倍速	149
	前後の月に移動する	3倍速	149

予定表	特定の日数の予定表を表示する	6倍速	150
	指定した日付の予定表を表示する	7倍速	151
連絡先	連絡先を追加する	4倍速	152
	アドレス帳を開く	3倍速	153
タスク	タスクを追加する	3倍速	154
	タスクを完了する	3倍速	155
	メールや連絡先にフラグを設定する	2倍速	156

Chrome編 157

ウィンドウとタブ	最後に閉じたタブを再度開く	5倍速	158
	新しいタブを開く	2倍速	159
	1つ左、右のタブに移動する	2倍速	159
	特定のタブに切り替える	2倍速	159
	タブを閉じる	2倍速	160
	新しいウィンドウを開く	4倍速	160
	シークレットウィンドウを開く	4倍速	160
検索とアドレスバー	アドレスバーを選択する	2倍速	161
	予測候補を削除する	5倍速	162
印刷	Webページを印刷する	4倍速	162
保存	現在のページを保存する	4倍速	162
ページの閲覧	クリック可能な項目を移動する	2倍速	163
	1画面分下、上にスクロールする	2倍速	164
	ページの最初、最後に移動する	4倍速	164
	前、次のページを表示する	2倍速	164
ブックマーク	ページをブックマークする	2倍速	165
	ブックマークバーの表示を切り替える	5倍速	166
	ブックマークマネージャーを開く	5倍速	166
	すべてのタブをブックマークする	5倍速	166
メニュー	Chromeメニューを開く	2倍速	167
履歴	履歴画面を表示する	5倍速	168
ダウンロード	ダウンロード画面を表示する	4倍速	169
ページ内検索	ページ内を検索する	4倍速	170
読み込み	ページを再読み込みする	2倍速	171
	キャッシュを無視して再読み込みする	9倍速	171
	ページの読み込みを停止する	2倍速	171

ズーム	ページを拡大、縮小する	4倍速	172
	ページを元の倍率に戻す	4倍速	172
	全画面表示にする	4倍速	172

Gmail編 173

メールの作成	新しいメールを作成する	2倍速	174
	Cc、Bccに宛先を追加する	3倍速	175
	書式なしで文字を貼り付ける	4倍速	175
	メールを送信する	2倍速	175
	メールに返信する	2倍速	176
	メールを全員に返信する	4倍速	176
	メールを転送する	4倍速	176
スレッドの閲覧	メールやスレッドを開く	3倍速	177
	スレッド内のメールを開く	3倍速	178
	スレッド内のメールをすべて開く	2倍速	179
	スレッドをミュートする	4倍速	179
スヌーズ	スレッドをスヌーズする	2倍速	179
スター	メールにスターを付ける	2倍速	180
ラベル	スレッドにラベルを付ける	4倍速	181
スレッドの整理	スレッドをアーカイブする	2倍速	182
	アーカイブして前後のスレッドを表示する	5倍速	182
	スレッドを移動する	2倍速	182
	スレッドを未読にする	2倍速	183
	スレッドを既読にする	2倍速	183
	迷惑メールを報告する	2倍速	183
	スレッドを削除する	2倍速	184
	操作を取り消す	8倍速	184
ToDoリスト	ToDoリストに追加する	4倍速	184
	ToDoリストを表示する	2倍速	185
一覧の切り替え	スレッドの一覧に戻る	3倍速	185
	[送信済み]を表示する	3倍速	185
	[下書き]を表示する	3倍速	186
	[すべてのメール]を表示する	3倍速	186
	[受信トレイ]を表示する	3倍速	186
スレッドの選択	スレッドを選択する	2倍速	187

スレッドの選択	未読のスレッドを選択する	4倍速	188
	すべてのスレッドを選択する	2倍速	189
	スター付きのスレッドを選択する	4倍速	189
	スレッドの選択を解除する	2倍速	189
メールの検索	メールを検索する	2倍速	190

Googleカレンダー編 191

予定の作成	予定を作成する	2倍速	192
カレンダーの閲覧	前後の期間を表示する	2倍速	193
	指定した日付に移動する	9倍速	194
	今日のカレンダーに戻る	2倍速	194
	ほかのカレンダーを追加する	2倍速	194
ビューの切り替え	[月] ビューに切り替える	4倍速	195
	[日] ビューに切り替える	4倍速	196
	[週] ビューに切り替える	4倍速	196
	カスタムビューに切り替える	4倍速	196
	[スケジュール] ビューに切り替える	4倍速	197
予定の編集	予定を編集する	4倍速	198
	予定を削除する	4倍速	199
予定の検索	予定を検索する	2倍速	200
カレンダーの印刷	カレンダーを印刷する	4倍速	200
サイドパネル	サイドパネルを選択する	2倍速	200

本書に掲載されている情報について

- 本書の情報は、すべて2018年11月現在のものです。
- 本書では「Windows 10」(October 2018 Updateを適用済み)と「Office 365 Solo」がインストールされているパソコンで、インターネットに常時接続されている環境を前提に画面を再現しています。「Office 2019」のショートカットキーの動作確認は「Office Professional Plus 2019 Preview」で行っています。
- 本書の解説で使用しているキーボードは、「日本語109キーボード」に対応したノートパソコン用のキーボードです。デスクトップパソコン用など、使用しているキーボードによっては、キーの配列が異なる場合があります。
- 本書で解説するショートカットキーは、Windows標準の日本語入力システム「Microsoft IME」を使用している環境を前提にしています。その他の日本語入力システムを使用している場合は、同じ操作を再現できない場合があります。
- GmailとGoogleカレンダーのショートカットキーは、Chromeブラウザーを前提に解説しています。ほかのWebブラウザーでは同じ操作を再現できない場合があります。

Windows編

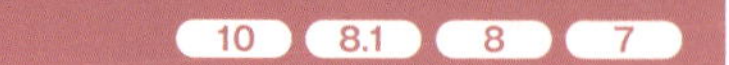

スタートメニューを表示する

キー操作だけで起動したいアプリを選べる

ウィンドウズ

スタートメニュー（Windows 8.1/8ではスタート画面）を表示します。Ctrl＋Escでも同様です。スタートメニューを開いた状態で文字を入力すると、パソコン内のアプリやファイルを検索できます。

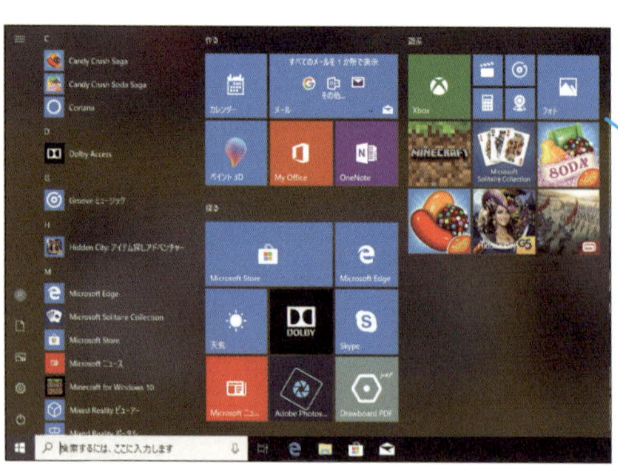

⊞を押す

スタートメニューが表示された

再度⊞を押すとスタートメニューが閉じる

ポイント

- メニューの各項目は、↓↑で選択してEnterで実行できます。また、TabとShift＋Tabでメニューとアプリ一覧、タイルのエリア間を移動できます。

デスクトップを表示する

多数のウィンドウを開いていても一瞬ですべて最小化

すべてのウィンドウを最小化して、デスクトップを表示します。もう一度⊞とDを押すと、ウィンドウが元に戻ります。Dは"Desktop"と覚えましょう。

⊞+Dを押す

すべてのウィンドウが最小化され、デスクトップが表示された

再度⊞+Dを押すと、最小化されているウィンドウが元に戻る

ポイント

● ⊞+Bを押すと、タスクバーの右側にカーソルが移動します。←→で選択してEnterで確定すると、通知領域のアイコンや時計とカレンダーなどを表示できます。

Cortana(コルタナ)を起動する

2倍速

検索などのためにCortanaをキーボードで操作

Windows 10で新搭載された音声アシスタント「Cortana」(コルタナ)を起動します。検索ボックスでマイクのアイコンをタップすると、音声でパソコンを操作できます。⊞+Qでも同様です。Windows 8.1/8では、ファイルやアプリの検索を行えます。

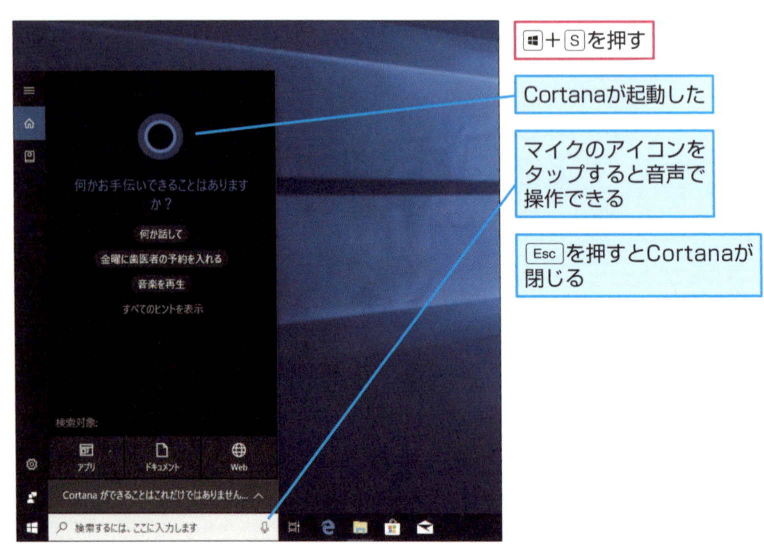

⊞+Sを押す

Cortanaが起動した

マイクのアイコンをタップすると音声で操作できる

Escを押すとCortanaが閉じる

Windows 10の[設定]ウィンドウ(Windows 8.1/8では[設定]チャーム)を開きます。そのまま文字を入力すると設定項目を検索でき、Tabと↑↓←→で設定項目を選択できます。

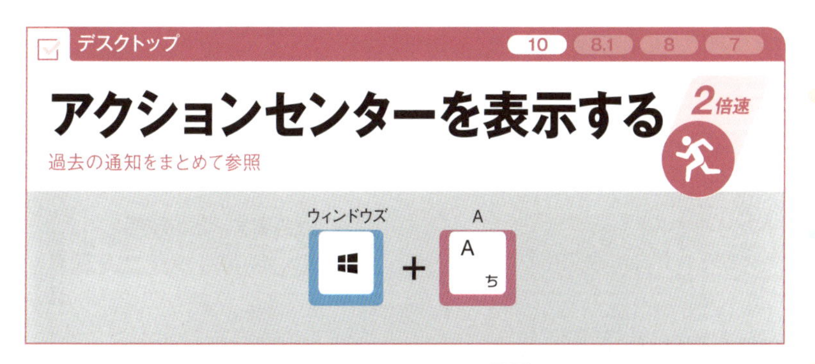

アクションセンターを開いて通知を確認できます。Tabで操作する領域を切り替え、↑↓←→とEnterで項目を選択して実行できます。Aは"Action"と覚えましょう。

Windows Ink Workspaceを起動します。[付箋]でメモを入力したり、[スケッチパッド]や[切り取り&スケッチ]で手書きのメモをとったりできます。

タスクバーからアプリを起動する

ショートカットキー一発でよく使うアプリを起動

デスクトップのタスクバーにピン留めしたアプリを起動できます。左から何番目のアプリを起動するかを[1]～[0]で指定します。

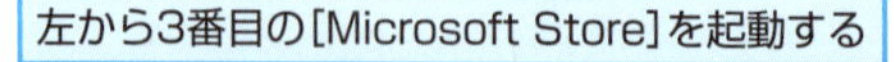

ポイント

- すでにアプリが起動している状態で[Shift]+[⊞]+[1]～[0]を押すと、そのアプリの新しいウィンドウが開きます。
- [Alt]+[⊞]+[1]～[0]を押すと、履歴などを確認できるジャンプリストが表示されます。

アプリやウィンドウを切り替える

4倍速

複数のアプリを行き来する作業を効率化

起動中のアプリやウィンドウの一覧が表示されます。Altを押し続けたままTabを押してアプリを選択し、目的のアプリが選択されたらAltを離すと画面が切り替わります。

❶ Alt＋Tabを押す

アプリの一覧が画面中央に表示された

❷ Altを押したままTabを押してMicrosoft Edgeを選択

❸ Altから指を離す

Microsoft Edgeに画面が切り替わる

ポイント

● Ctrl＋Alt＋Tabを押してもアプリの一覧を表示できます。この場合はAltから指を離してもアプリの一覧が消えません。アプリの選択後にEnterを押して確定します。

タスクビューを表示する

アプリや仮想デスクトップの切り替えをスムーズに

4倍速

タスクビューを使うとアプリや仮想デスクトップを切り替えられます。過去に利用したファイルを一覧表示する「タイムライン」もタスクビューから利用できます。Windows 8.1/8では、Windowsストアアプリの切り替えができます。

⊞＋Tabを押す

タスクビューが表示された

↑↓←→とEnterでアプリを切り替えられる

仮想デスクトップを追加する

6倍速

異なる作業ごとに別のデスクトップを使う

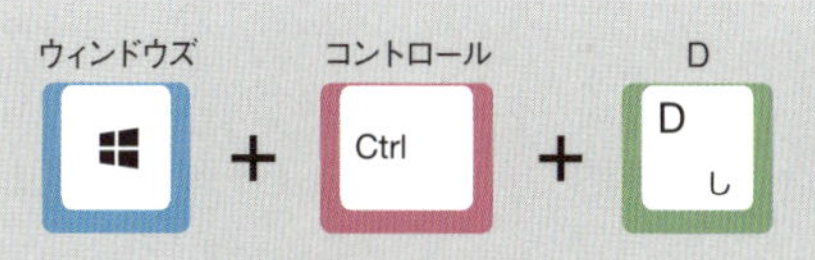

Windows 10の仮想デスクトップ機能では、複数のデスクトップを切り替えて使えます。田+Ctrl+Dを押すと新しい仮想デスクトップを作成し、そこに切り替えます。

新しい仮想デスクトップを作成する

田+Ctrl+Dを押す

新しい仮想デスクトップが作成され、切り替わった

元のデスクトップとは別にアプリのウィンドウを配置できる

関連 仮想デスクトップを切り替える 田+Ctrl+←→……………P.22

仮想デスクトップを切り替える

タスクビューを介さずに別のデスクトップを表示する

仮想デスクトップの切り替えは、通常はタスクビューで行いますが、このキーを押すと直接切り替えられます。←→を押した方向にある仮想デスクトップが表示されます。

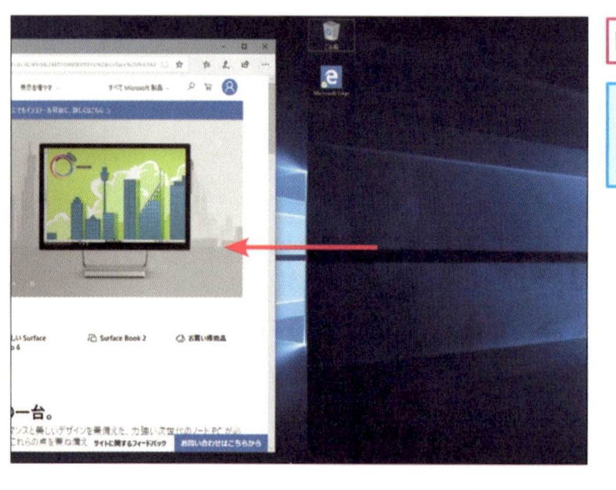

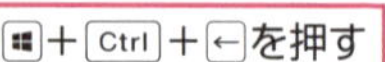

画面がスクロールし、左の仮想デスクトップに切り替わる

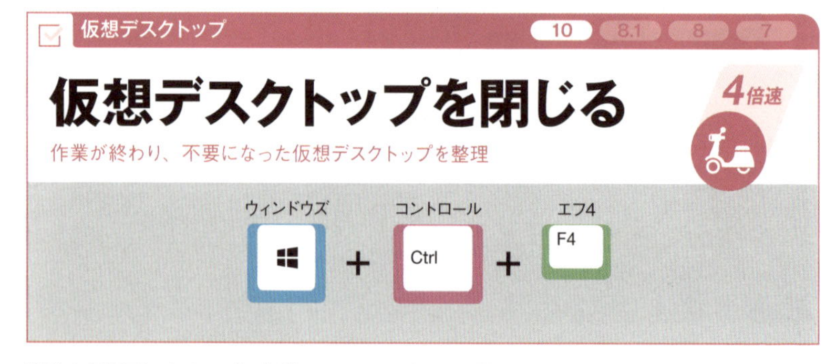

仮想デスクトップを閉じる

作業が終わり、不要になった仮想デスクトップを整理

閉じた仮想デスクトップで起動していたアプリや配置されていたウィンドウは、1つ前（左）に引き継がれます。仮想デスクトップが1つだけのときは閉じられません。

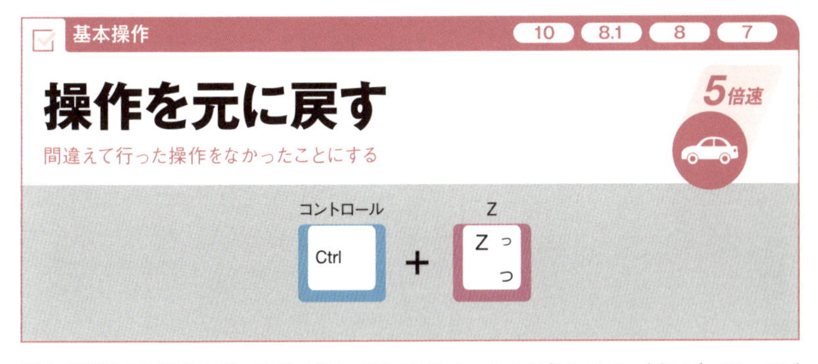

操作を間違えた場合など、直前の操作を元に戻したいときに押します。例えば、誤ってゴミ箱に移動してしまったファイルを、元のフォルダーに戻したりできます。

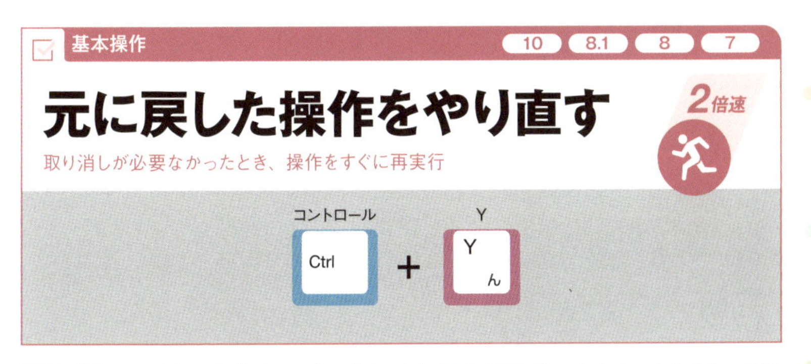

Ctrl＋Zで元に戻した操作をやり直します。元に戻す必要がないとわかったときや、別の方法で作業内容を修正したいときに使います。

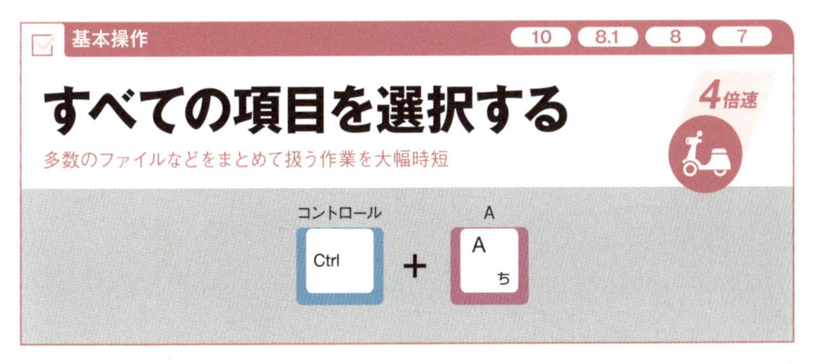

ファイルやフォルダー、Wordでは文字、Excelではセルなど、操作中のウィンドウやアプリで選択できるすべての項目を選択します。Aは“All”と覚えましょう。

複数の項目を選択する

3倍速

上下左右にカーソルが移動した範囲をまとめて選択

シフト
Shift
+
上
PgUp
下
PgDn
左
Home
右
End

隣接する複数の項目を選択します。エクスプローラーでファイルを選択するときやExcelで複数のセルを選択するときなど、さまざまなアプリで利用できます。

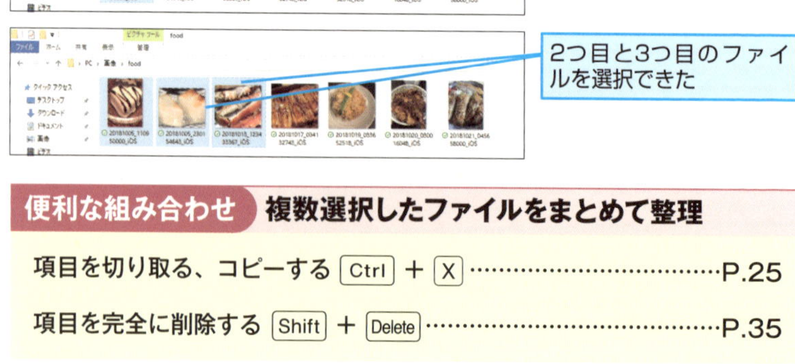

1つ目のファイルを選択しておく
Shiftを押しながら→を2回押す
2つ目と3つ目のファイルを選択できた

便利な組み合わせ 複数選択したファイルをまとめて整理

項目を切り取る、コピーする Ctrl + X ……P.25

項目を完全に削除する Shift + Delete ……P.35

関連 離れている複数の項目を選択する Ctrl + → → (スペース) ……P.34

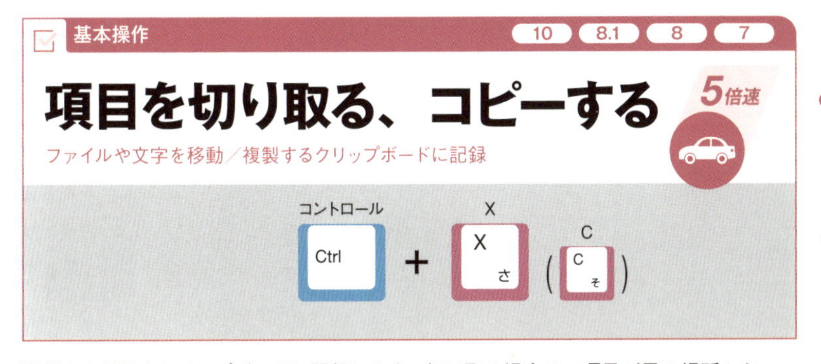

選択した項目をクリップボードに記録します。切り取る場合は、項目が元の場所からいったん削除されます。一部のアプリでのコピーは、Ctrl＋Insertでも同様です。

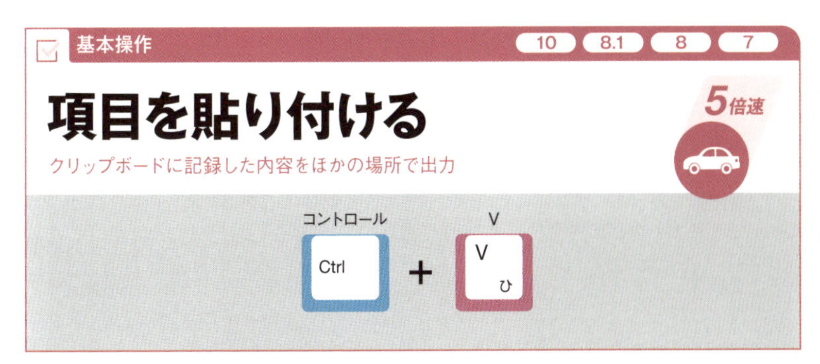

切り取りやコピーをしてクリップボードに記録した項目を貼り付けます。一部のアプリでは、Shift＋Insertでも同様です。XCのとなりにあるキーで貼り付け、と覚えましょう。

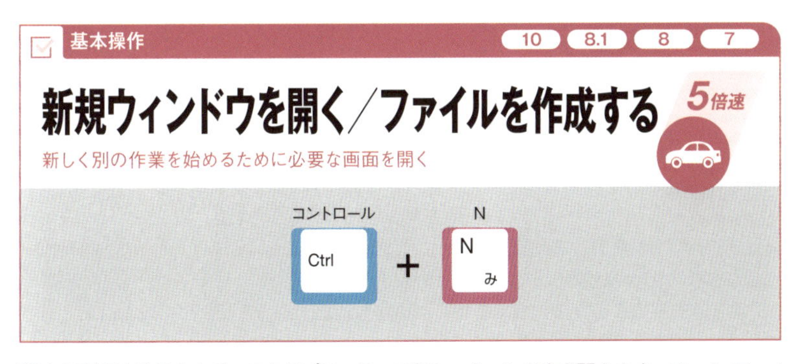

現在の画面はそのままで、エクスプローラーで新しいウィンドウを開きます。Word、Excelなどでは新しいファイル(文書)を作成します。Nは“New”と覚えましょう。

クリップボードの履歴を表示する

9倍速

過去にコピーした項目やほかのパソコンでコピーした項目を表示

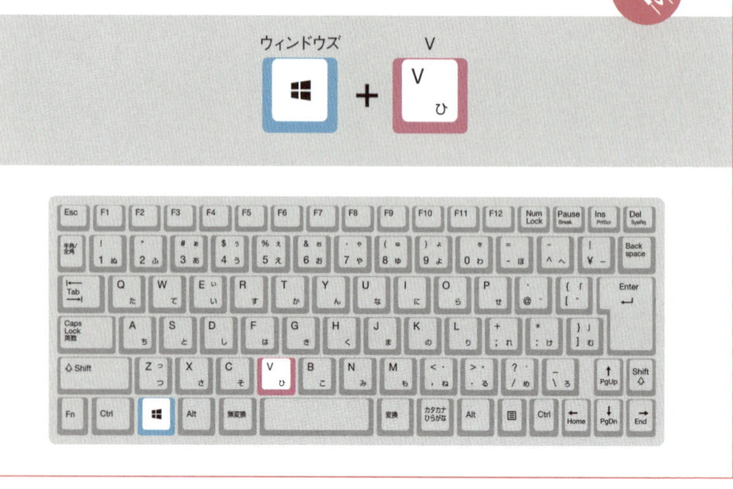

過去にコピーした項目の履歴が表示され、選択した内容を貼り付けられます。利用には以下の「ポイント」で解説する設定が必要です。

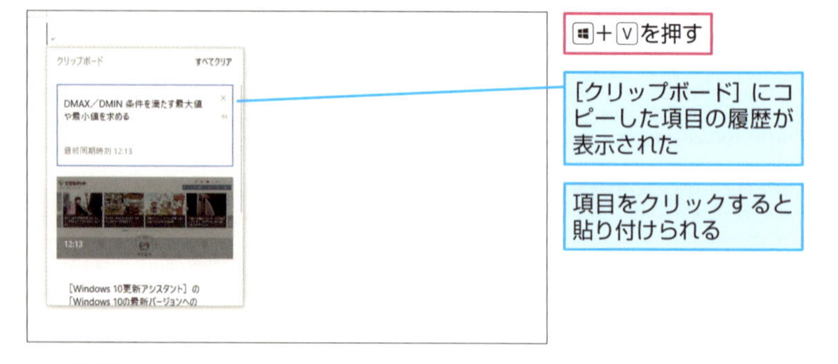

ポイント

- ほかのパソコンを同じMicrosoftアカウントで利用している場合は同期機能も利用でき、異なるパソコンの間で互いにコピーした項目を利用できます。
- この機能を利用するには、2018年10月より配信されている「October 2018 Update」を適用する必要があります。そのうえで[設定]の[システム]→[クリップボード]の順にメニューを選択し、[クリップボードの履歴] をオンにします。同期も利用する場合は [他デバイスとの同期] をオンにします。

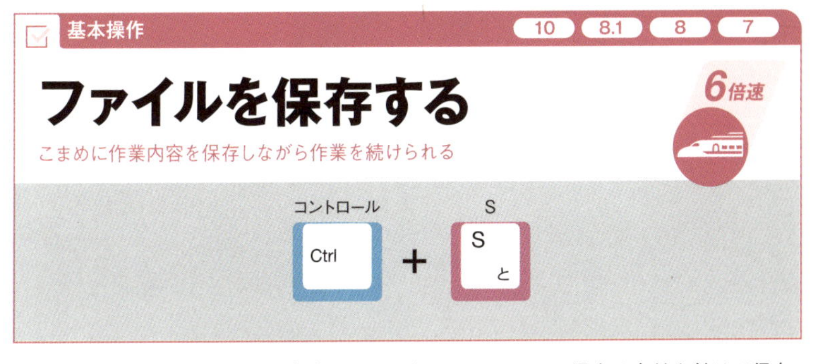

アプリで開いているファイルを保存します。新しいファイルの場合は名前を付けて保存、既存のファイルの場合は上書き保存になります。Sは"Save"と覚えましょう。

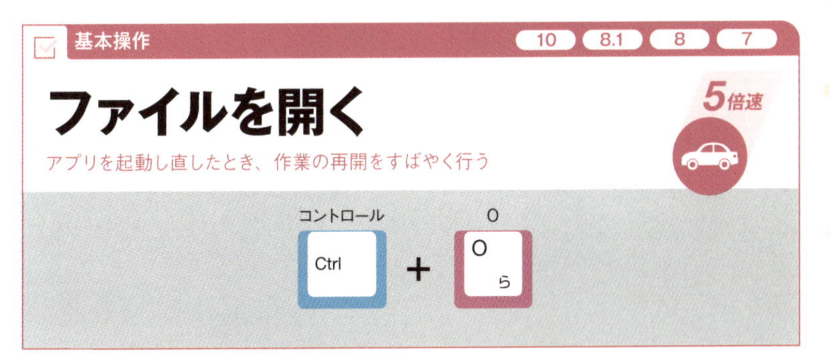

起動しているアプリでファイルを開きます。多くのアプリで共通して使えるショートカットキーです。Oは"Open"と覚えましょう。

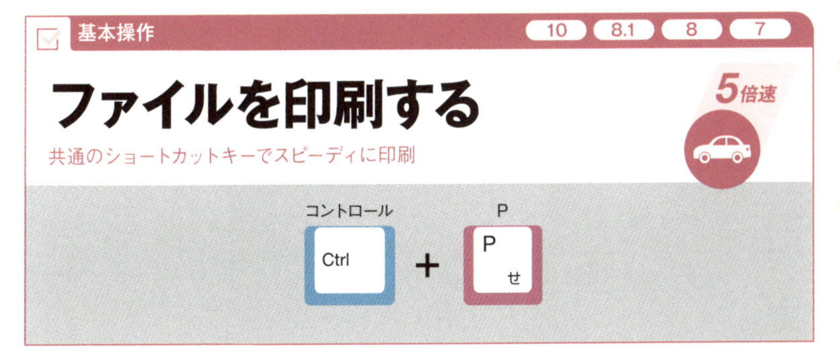

メニューを操作せず、多くのアプリですぐに印刷用の画面を表示できます。Pは"Print"と覚えましょう。

基本操作 10 8.1 8 7

ショートカットメニューを表示する

2倍速

右クリックのメニューをキーだけで操作

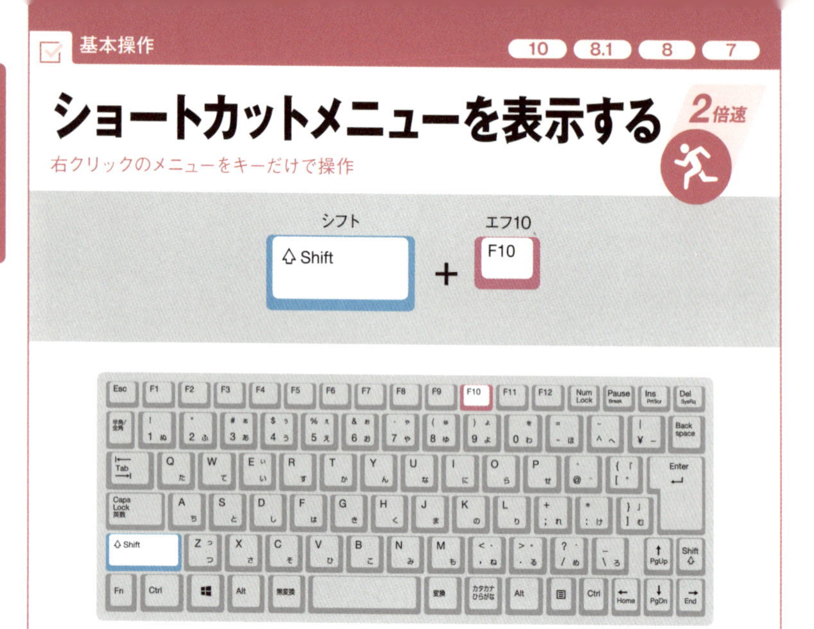

アイコンなどを右クリックしたときに表示される「ショートカットメニュー」を表示します。▤(アプリケーションキー)でも同様です。

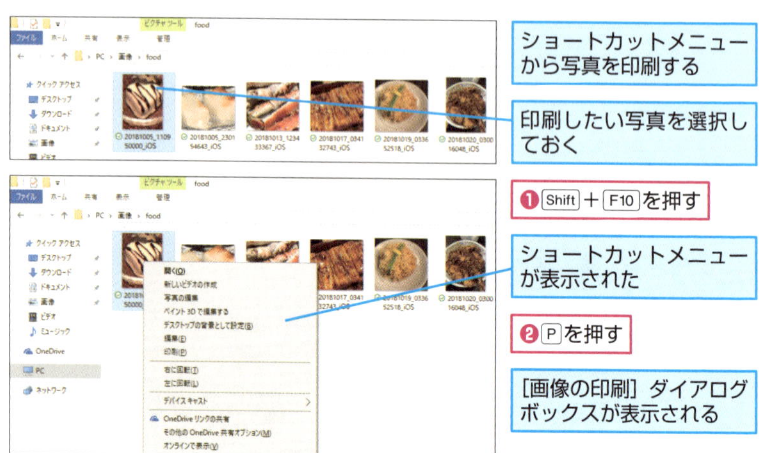

ショートカットメニューから写真を印刷する

印刷したい写真を選択しておく

❶ Shift ＋ F10 を押す

ショートカットメニューが表示された

❷ P を押す

［画像の印刷］ダイアログボックスが表示される

ポイント

●ショートカットメニューの項目を実行するには、↑↓で選択したあとにEnterを押すか、項目の右側に表示されているアルファベットのキーを押します。

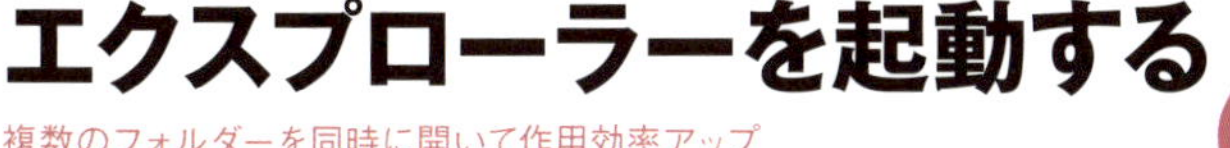

エクスプローラーを起動する

2倍速

複数のフォルダーを同時に開いて作用効率アップ

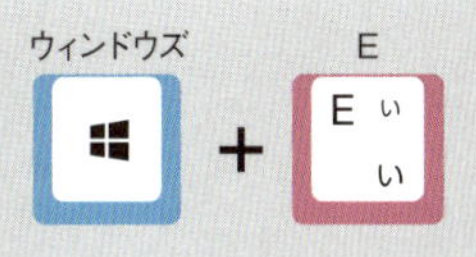

エクスプローラーの現在開いているウィンドウはそのままで、新しいウィンドウを表示します。[E]は“Explorer”と覚えましょう。

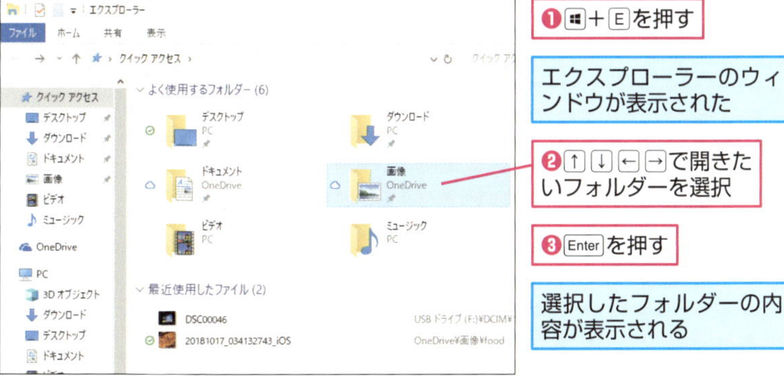

❶[⊞]+[E]を押す
エクスプローラーのウィンドウが表示された
❷[↑][↓][←][→]で開きたいフォルダーを選択
❸[Enter]を押す
選択したフォルダーの内容が表示される

ポイント

●USBメモリーを選択した状態で[Shift]+[F10]（P.28）を押してショートカットメニューを表示し、[J]を押すと、安全に取りはずせます。

関連　新しいウィンドウを開く／ファイルを作成する [Ctrl] + [N]……P.25

アイコンの表示形式を変更する

4倍速

8種類の表示をワンタッチで切り替え

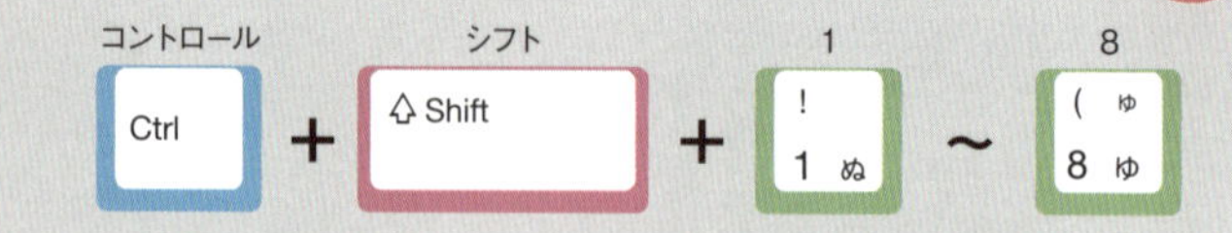

ファイルとフォルダーを表すアイコンの表示形式を変更します。例えば、Ctrl+Shift+1では特大アイコンになり、画像ファイルのサムネイルを確認できます。

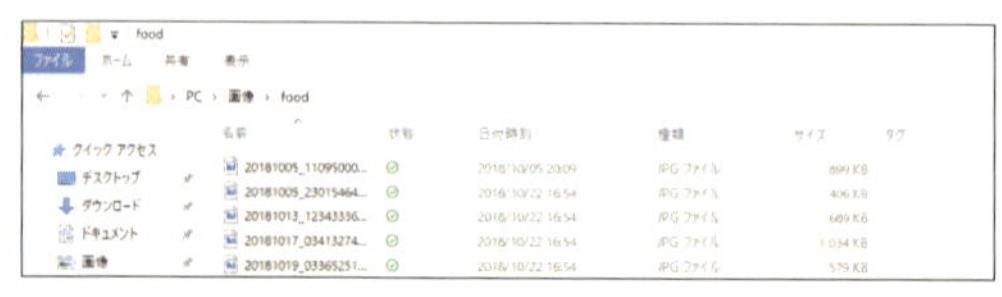

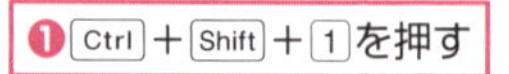

特大アイコンに変更された

サムネイルで画像の内容を確認できる

便利な組み合わせ ファイルの情報を詳しく確認

プロパティを表示する Alt + Enter ……………… P.37

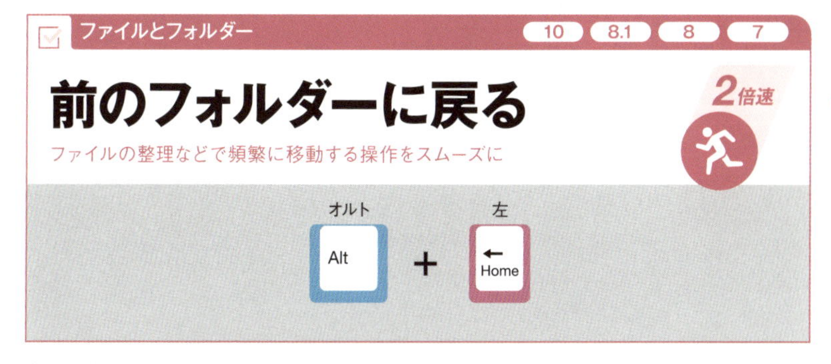

直前に表示していたフォルダーに戻ります。何度も押すと、押した回数だけ前に表示していたフォルダーに戻れます。[Back space]でも同様です。

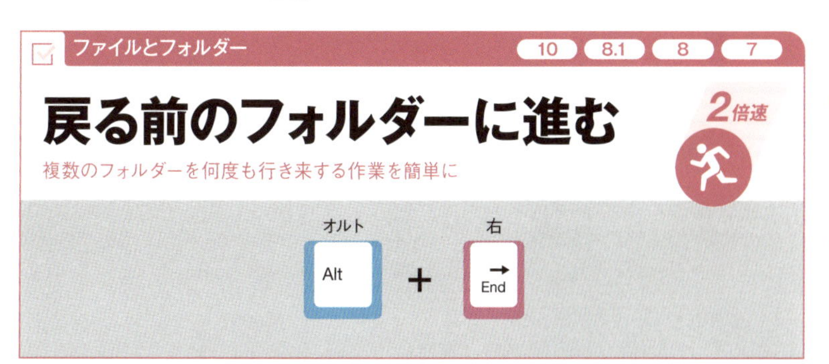

[Alt]+[←]で前のフォルダーに戻ったあと、[Alt]+[→]で戻る前に表示していたフォルダーに進めます。組み合わせて使いましょう。

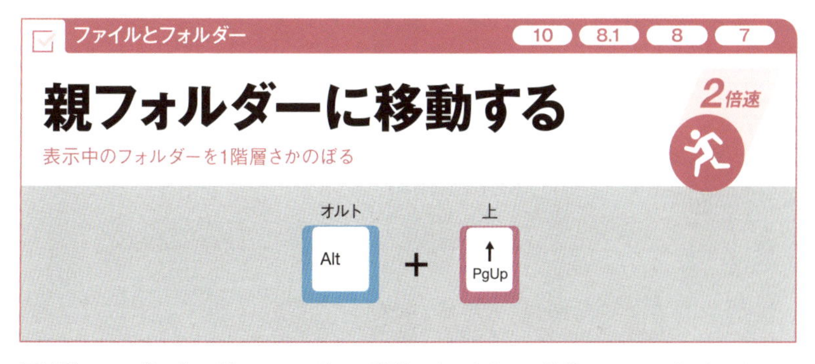

同じ親フォルダー内の別のフォルダーに移動したいときや、複数のフォルダーをまとめて圧縮するために親フォルダーを選択したいときに役立ちます。

項目の名前を変更する

わかりやすい名前に変更して選択や並べ替えをやりやすく

5倍速

エクスプローラーでファイルやフォルダーを選択して F2 を押すと、名前を編集できる状態になります。名前を入力して Enter を押し、名前を変更します。

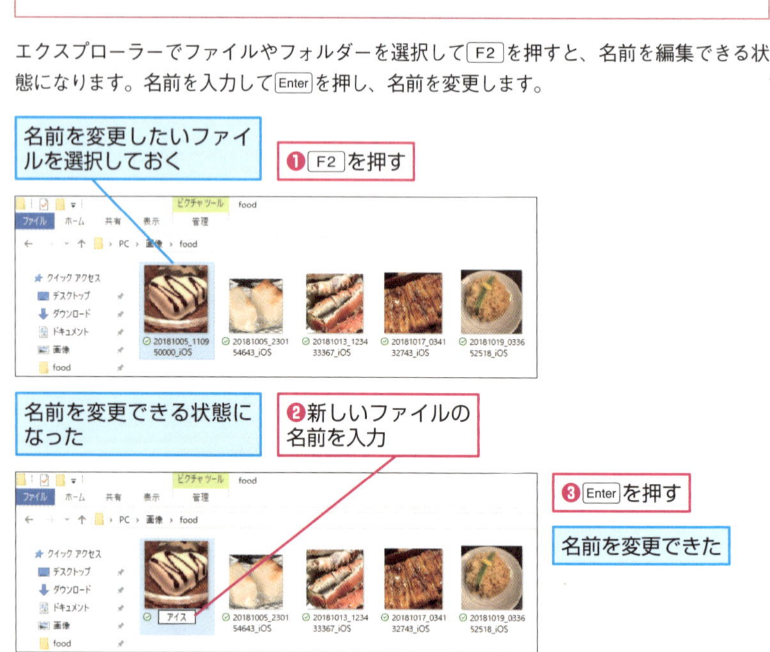

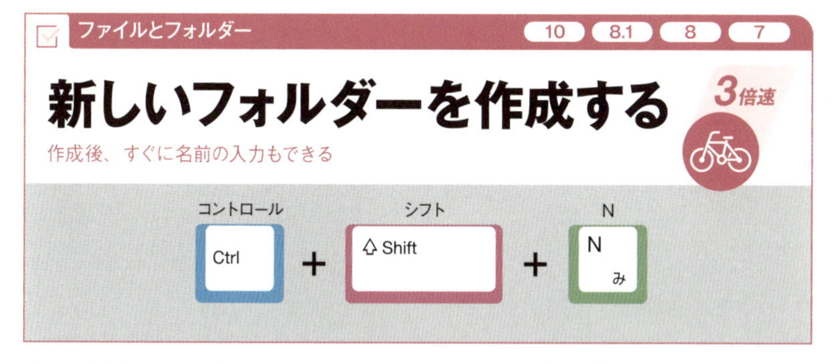

ファイルとフォルダー
10
8.1
8
7
新しいフォルダーを作成する
作成後、すぐに名前の入力もできる
3倍速
コントロール
Ctrl
シフト
Shift
N
N
み

操作中のデスクトップやフォルダーの中に、新しいフォルダーを作成します。フォルダー名にカーソルが移動し、すぐに名前を入力できます。

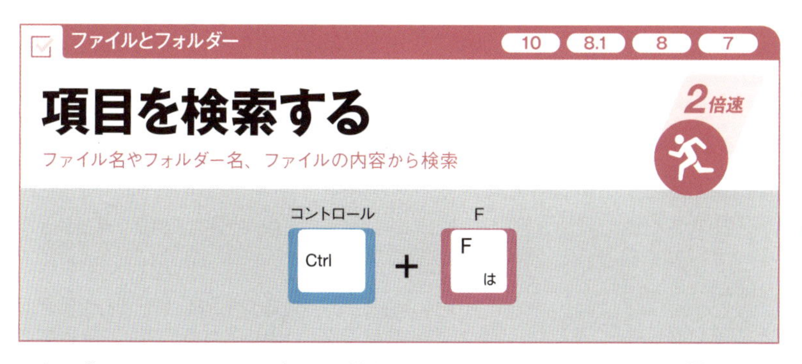

ファイルとフォルダー
10
8.1
8
7
項目を検索する
ファイル名やフォルダー名、ファイルの内容から検索
2倍速
コントロール
Ctrl
F
F
は

エクスプローラーのウィンドウ内にある検索ボックスにカーソルが移動します。Fは“Find”と覚えましょう。そのまま文字を入力すると、すぐに検索が実行されます。

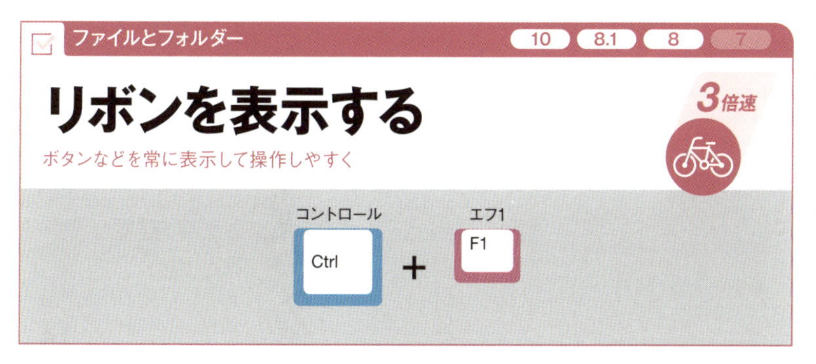

ファイルとフォルダー
10
8.1
8
7
リボンを表示する
ボタンなどを常に表示して操作しやすく
3倍速
コントロール
Ctrl
エフ1
F1

エクスプローラーのほか、WordやExcelの画面上部にあるリボンの表示と非表示を切り替えます。ディスプレイの小さいノートパソコンでは、非表示にしたほうが画面を広く使えます。

離れている複数の項目を選択する

3倍速

飛び飛びのファイルを選んでまとめて操作

コントロール
Ctrl
+
上
PgUp
下
PgDn
左
Home
右
End
スペース
1つ目のファイルを選択しておく
❶ Ctrl を押しながら → を2回押す
❷ space を押す
2つ目のファイルを選択できた

Ctrl を押したまま ↑ ↓ ← → を押すと項目間を移動でき、space を押すと項目を選択できます。この操作を繰り返すと、離れた場所にある複数の項目を選択できます。

便利な組み合わせ 複数選択したファイルをまとめて整理

項目を切り取る、コピーする Ctrl + X ……………… P.25
項目を完全に削除する Shift + Delete ……………… P.35

関連 複数の項目を選択する Shift + ↑ ↓ ← → ……………… P.24

項目を完全に削除する

6倍速

ゴミ箱に移動するのではなく二度と戻せないようにする

ファイルやフォルダーをゴミ箱に移動せず、完全に削除します。ゴミ箱に移動し、あとで戻せるようにしたい場合は、項目を選択したあとにDeleteだけを押します。

削除したい項目を選択しておく

❶Shift+Deleteを押す

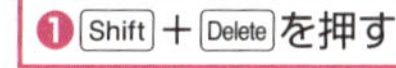

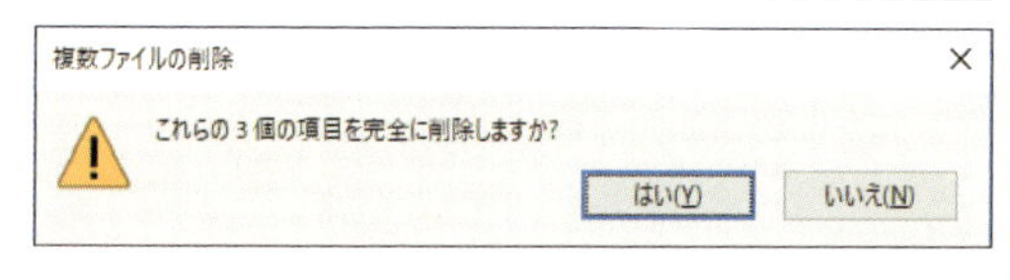

[これらの○個の項目を完全に削除しますか?]と表示された

❷Enterを押す

ファイルが削除される

ポイント

- ファイルを完全に削除すると、直後にCtrl+Z（P.23）を押しても元に戻せないので注意しましょう。

Windows Word Excel PowerPoint Outlook Chrome Gmail Googleカレンダー

ファイルとフォルダー　10　8.1　8　7

ウィンドウを閉じる

作業が完了したウィンドウを即座に片付けてスッキリ

2倍速

アプリで開いているファイルや、エクスプローラーのウィンドウを閉じます。ファイルを閉じる場合、編集中の内容を保存するかを確認するダイアログボックスが表示されることがあります。

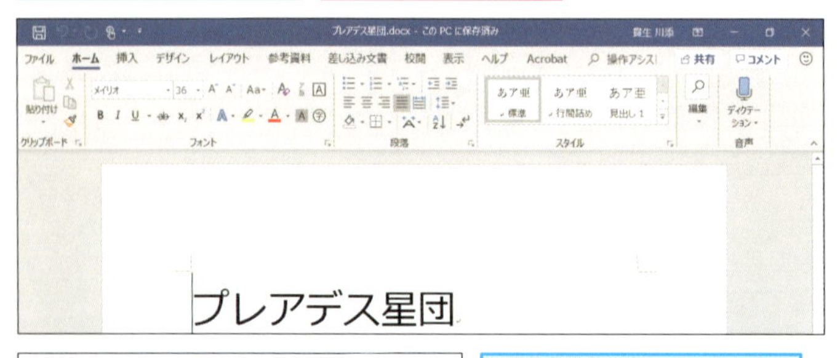

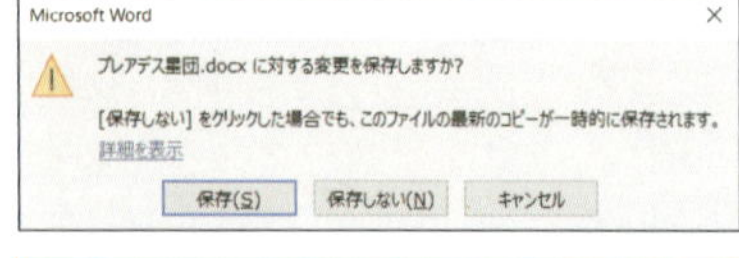

保存を確認するダイアログボックスが表示された

❷Enterを押す

ファイルのウィンドウが閉じ、ほかに開いているファイルがなければWordが終了する

プロパティを表示する

5倍速

選択したファイルやフォルダーの詳細な情報を確認

ファイルやフォルダーを選択した状態で Alt + Enter を押すと、プロパティ画面を表示します。サイズや作成日時、更新日時などの情報を確認できます。

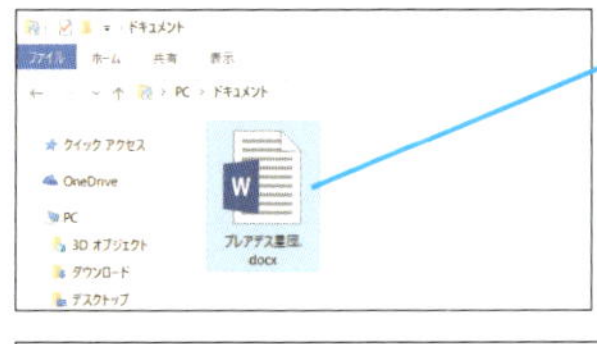

確認したいファイルを選択しておく

Alt + Enter を押す

[(ファイル名) のプロパティ] が表示された

Enter を押すとプロパティ画面が閉じる

ポイント

- プロパティを表示した状態で Ctrl + Tab を押すと、ダイアログボックス内で [全般] タブから [セキュリティ] や [詳細] などのタブに順番に切り替えられます。

プレビューパネルを表示する

4倍速

ファイルを開かずにエクスプローラー内で内容を確認

オルト
Alt
+
P
P
せ

ウィンドウの右側で、選択したファイルの内容をプレビューできる[プレビューパネル]を表示します。このときのPは"Preview"と覚えましょう。

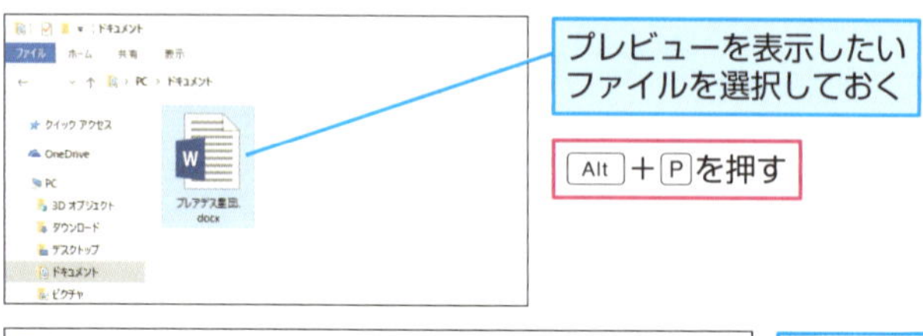
プレビューを表示したいファイルを選択しておく
Alt+Pを押す

Wordファイルの内容がプレビューとして表示された
再度Alt+Pを押すとプレビューパネルが閉じる
プレアデス星団

ポイント

●プレビューパネルは常に表示しておくこともできます。常に表示した場合、別のファイルを選択したタイミングで、そのファイルの内容がプレビューとして表示されます。

アドレスバーに履歴を表示する

2倍速

過去に表示したフォルダーの一覧から移動先を選択

エフ4

F4

エクスプローラーのウィンドウにあるアドレスバーに、過去に表示したフォルダーの履歴を表示します。ずっと前に表示していたフォルダーを、一覧からすぐに選べます。

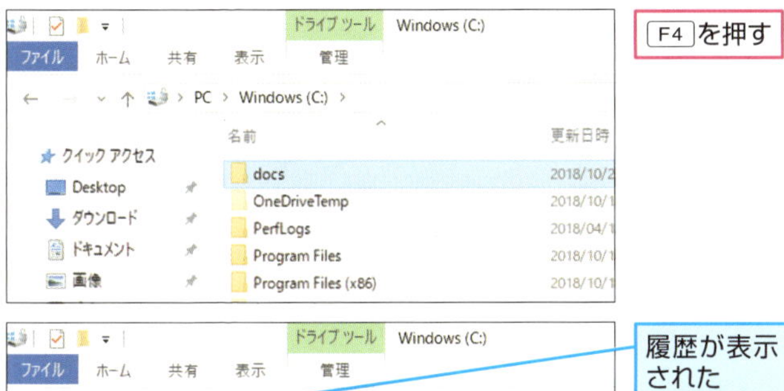

F4を押す

履歴が表示された

↑↓で選択してEnterを押すと、そのフォルダーに移動できる

ウィンドウのメニューを表示する

2倍速

移動やサイズの変更をキー操作だけで行う

ウィンドウの左上を右クリックすると表示されるショートカットメニューを表示します。メニューの項目に対応するアルファベットのキーを押すと、ウィンドウの移動やサイズ変更などができます。

キーボードのみを使ってウィンドウを移動する

❶ Alt ＋ 　 を押す

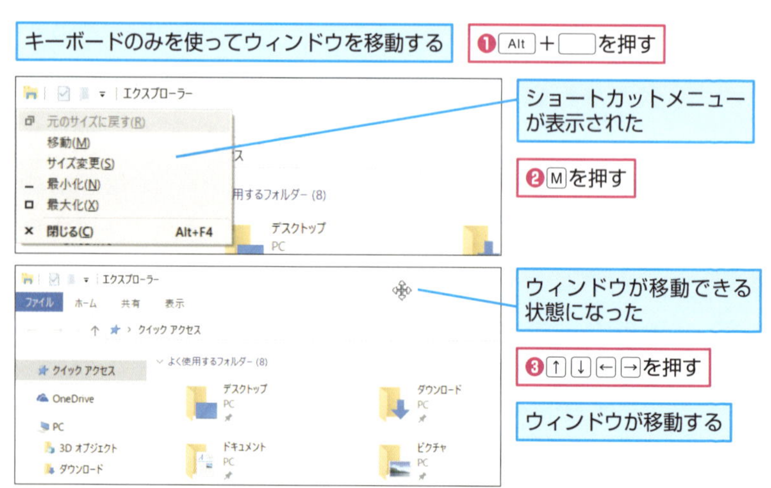

関連 アプリを終了せずにウィンドウを閉じる Ctrl ＋ W ……………P.42

ウィンドウを最大化、最小化する

2倍速

一時的にウィンドウを広げ、すぐに戻せる

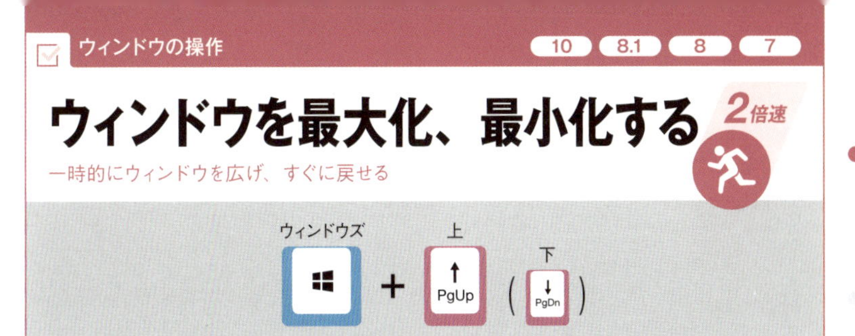

⊞+↑で作業中のウィンドウを最大化、⊞+↓で最小化できます。最大化した状態で⊞+↓を押すと元の大きさに戻ります。

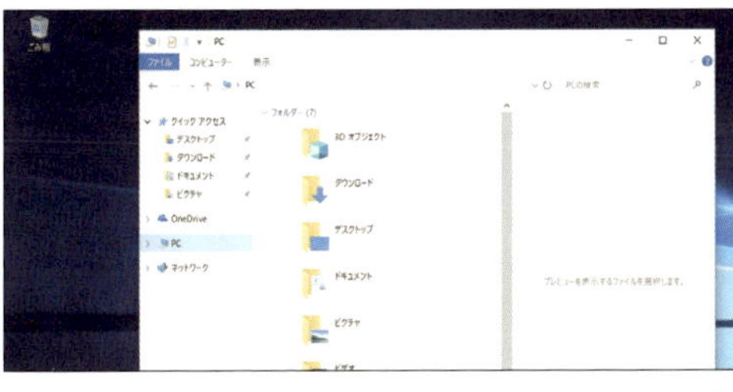

作業中のウィンドウを最大化する

⊞+↑を押す

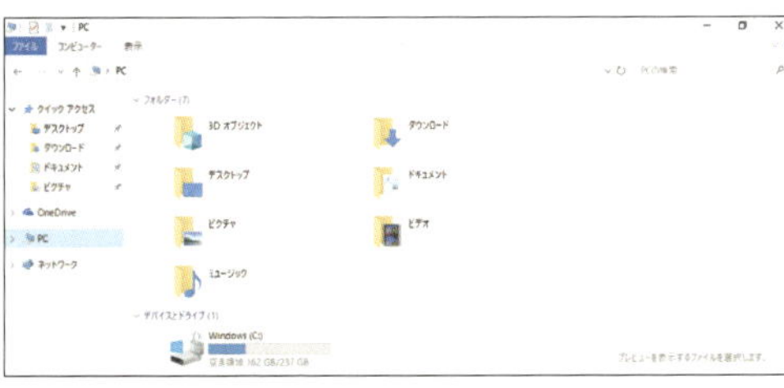

ウィンドウが最大化され、全画面に表示された

⊞+↓を押すと元の大きさに戻る

ポイント

● ⊞+Shift+↑を押すと、縦方向にのみウィンドウを最大化できます。

ウィンドウの操作　10　8.1　8　7

ウィンドウを左半分、右半分に合わせる

4倍速

作業するウィンドウを画面に合わせてきれいに配置

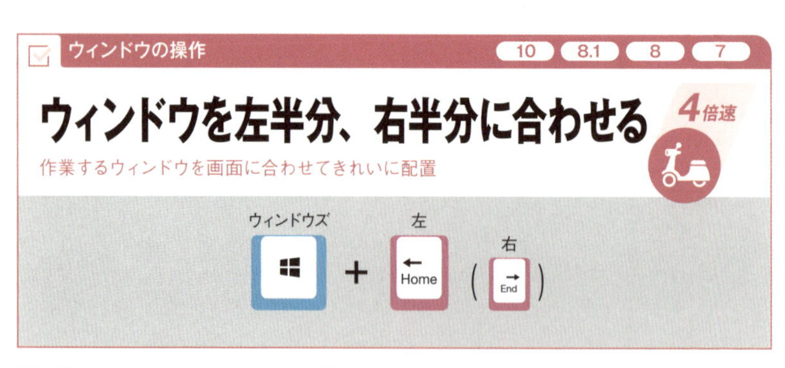

⊞＋←を押すと画面の左半分、⊞＋→では右半分のサイズでウィンドウが最大化されます。最大化したときと反対の方向に←→を押すと元に戻せます。

ウィンドウの操作　10　8.1　8　7

すべてのウィンドウを最小化する

7倍速

作業の状態をリセットしてデスクトップを表示

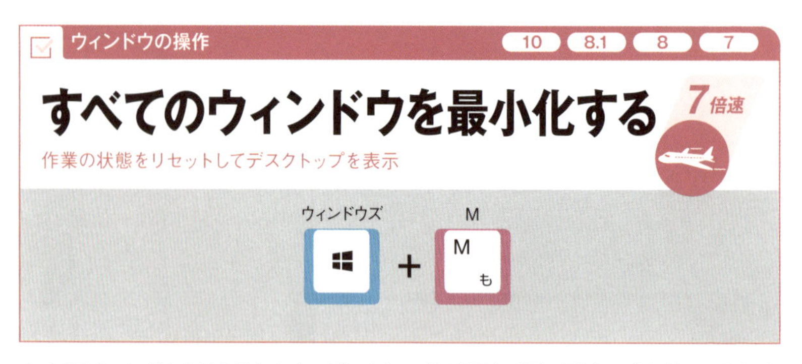

すべてのウィンドウを最小化します。デスクトップを表示する⊞＋D（P.15）と似ていますが、このショートカットキーは再度押してもウィンドウは元に戻りません。

ウィンドウの操作　10　8.1　8　7

アプリを終了せずにウィンドウを閉じる

2倍速

複数のウィンドウから作業中のウィンドウだけを閉じたいときに

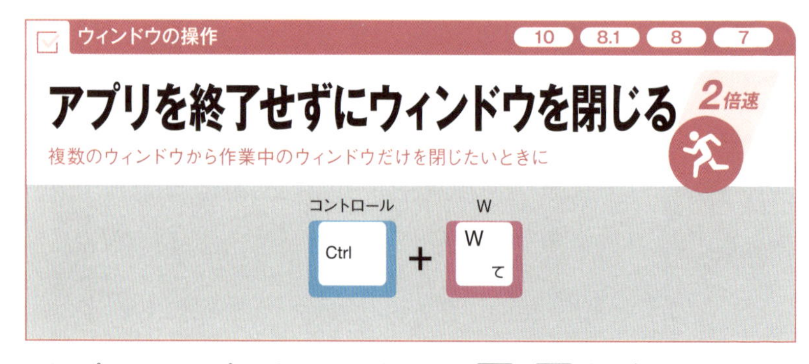

エクスプローラーやアプリのウィンドウを閉じます。Alt＋F4（P.36）と似ていますが、こちらをWordやExcelなどで使った場合、アプリそのものは終了しません。

画面の表示モードを選択する

8倍速

パソコンをプロジェクターに接続したときの表示を選択

パソコンの画面をプロジェクターなどに映すときの表示モードを［PC画面のみ］［複製］［拡張］［セカンドスクリーンのみ］から選択します。このときの P は"Projection"と覚えましょう。

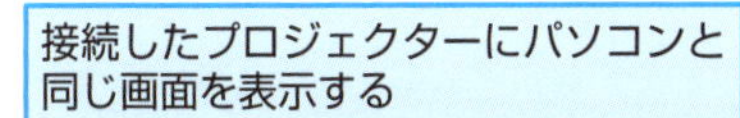

接続したプロジェクターにパソコンと同じ画面を表示する

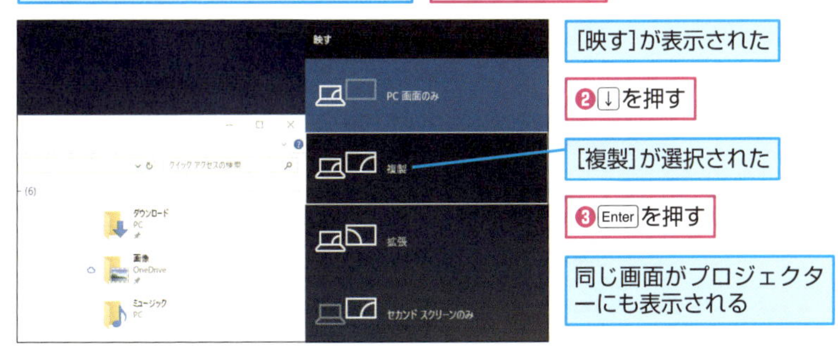

便利な組み合わせ PowerPointでプレゼンテーションを開始

スライドショーを開始する F5 ……………… P.136

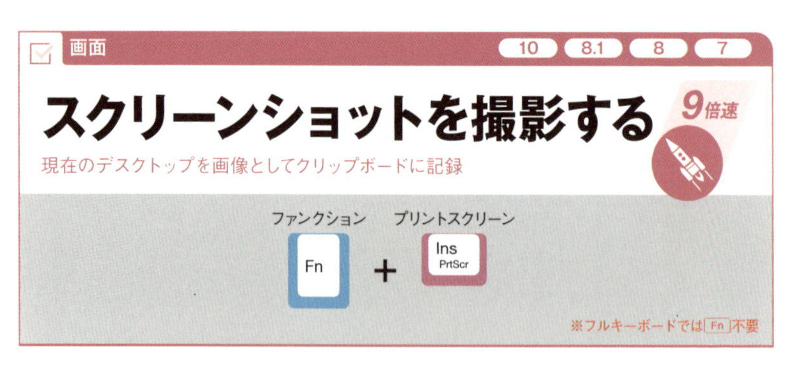

画面
10
8.1
8
7
スクリーンショットを撮影する
9倍速
現在のデスクトップを画像としてクリップボードに記録
ファンクション
プリントスクリーン
Fn
Ins
PrtScr
※フルキーボードではFn不要

アクティブウィンドウだけを撮影したいときは[Alt]+[Fn]+[Insert]（[Alt]+[Print Screen]）を押します。パソコンの設定によっては、スクリーンショットを撮影するアプリが起動します。

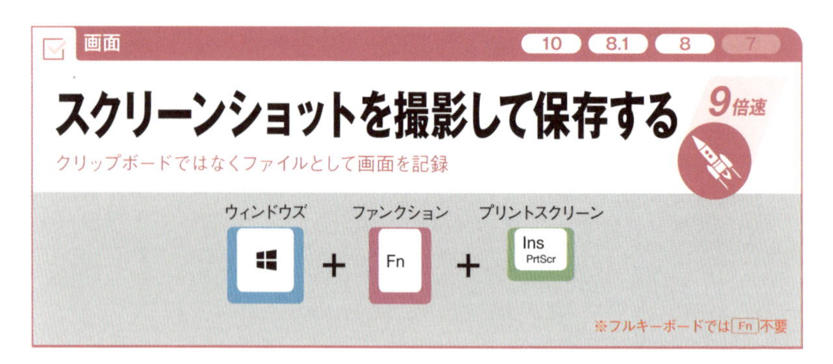

画面
10
8.1
8
7
スクリーンショットを撮影して保存する
9倍速
クリップボードではなくファイルとして画面を記録
ウィンドウズ
ファンクション
プリントスクリーン
Fn
Ins
PrtScr
※フルキーボードではFn不要

画面の内容をクリップボードには記録せず､画像ファイルとして保存します。[ピクチャ](写真)フォルダー内の[スクリーンショット]フォルダーに保存されます。

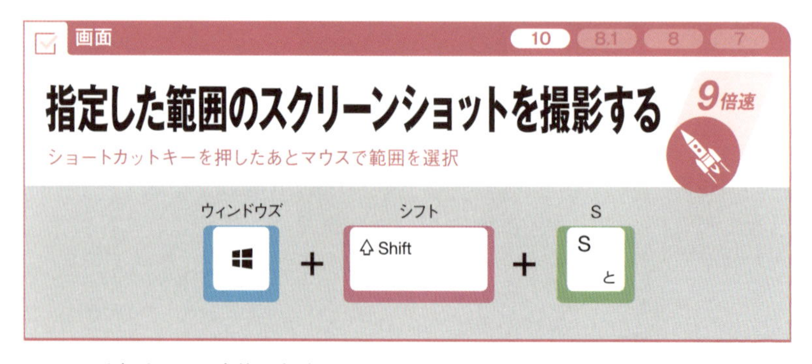

画面
10
8.1
8
7
指定した範囲のスクリーンショットを撮影する
9倍速
ショートカットキーを押したあとマウスで範囲を選択
ウィンドウズ
シフト
S
Shift
S
と

このキーを押すと画面全体に半透明のグレーがかかるので、マウスで撮影したい範囲を選択します。画面の一部分だけを撮影し､ほかのアプリに貼り付ける操作がすばやく行えます。

[ファイル名を指定して実行]を表示する

9倍速

ファイル名やフォルダー名を直接入力するために利用

スタートメニューから選べない特定のアプリを実行したいときや、特定のフォルダーを開きたいときに利用します。例えば、「C:¥」と入力するとCドライブのウィンドウが開きます。

❶ ⊞＋Rを押す

[ファイル名を指定して実行]が表示された

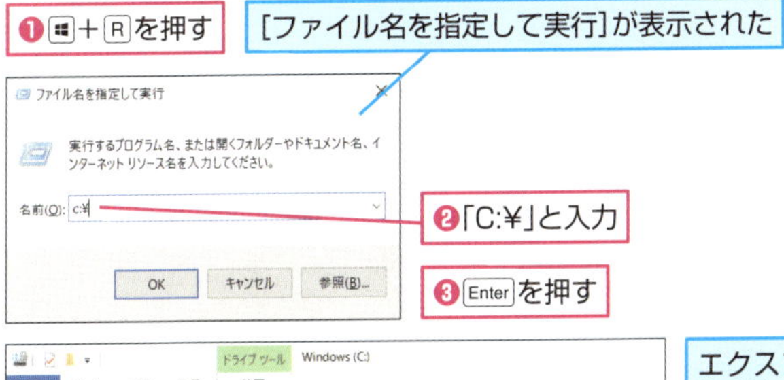

❷「C:¥」と入力

❸ Enterを押す

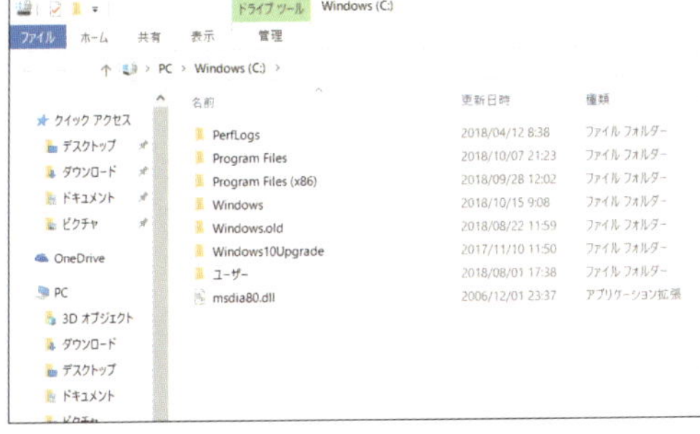

エクスプローラーが起動し、Cドライブが表示された

[タスクマネージャー]を表示する

3倍速

起動中のアプリを一覧で確認し、強制終了もできる

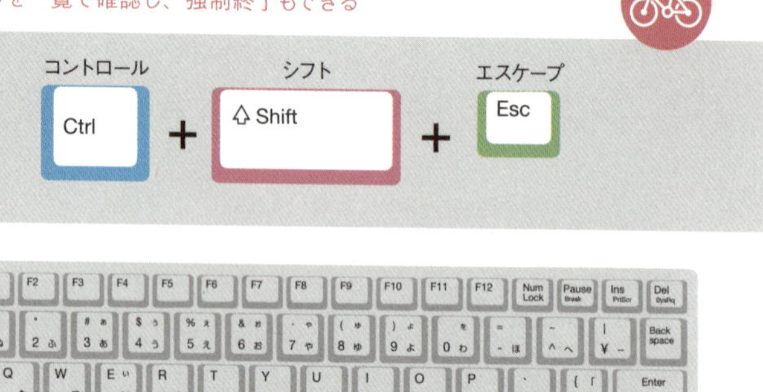
コントロール
Ctrl
シフト
Shift
エスケープ
Esc

実行中のアプリの一覧表示や強制終了、CPUの利用状況の確認などができる[タスクマネージャー]を表示します。

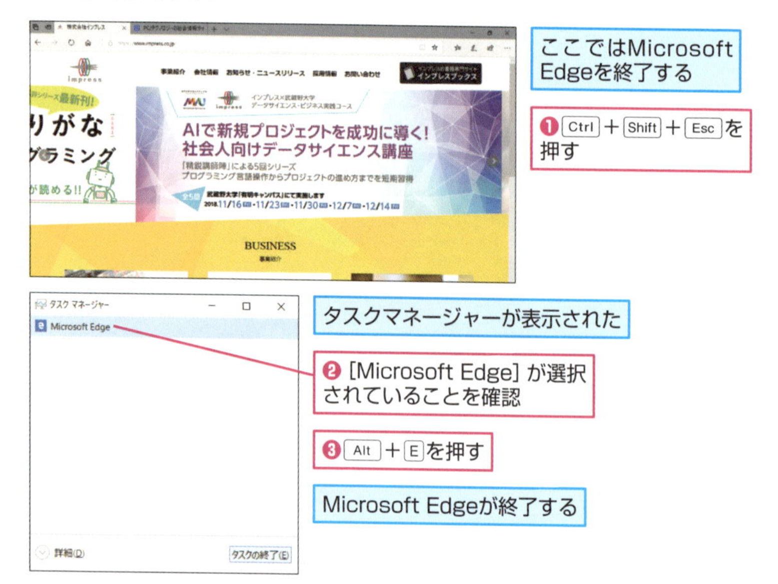
ここではMicrosoft Edgeを終了する
❶ Ctrl ＋ Shift ＋ Esc を押す
タスク マネージャー
Microsoft Edge
タスクマネージャーが表示された
❷ [Microsoft Edge] が選択されていることを確認
❸ Alt ＋ E を押す
Microsoft Edgeが終了する
詳細(D)
タスクの終了(E)

パソコンをロックする

パソコンから離れるとき、ほかの人が操作できない状態に

サインインの操作を行わないとWindowsが利用できないロック状態にします。Lは“Lock”と覚えましょう。

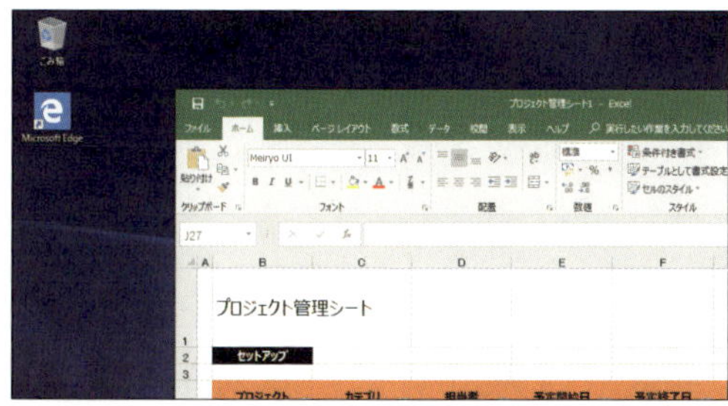

ロック画面が表示された

いずれかのキーを押すとサインイン画面が表示される

クイックリンクメニューを表示する

2倍速

キー操作だけですばやくシャットダウンや再起動ができる

設定の主要項目やタスクマネージャー、シャットダウン、再起動などの操作を行える「クイックリンクメニュー」を表示します。

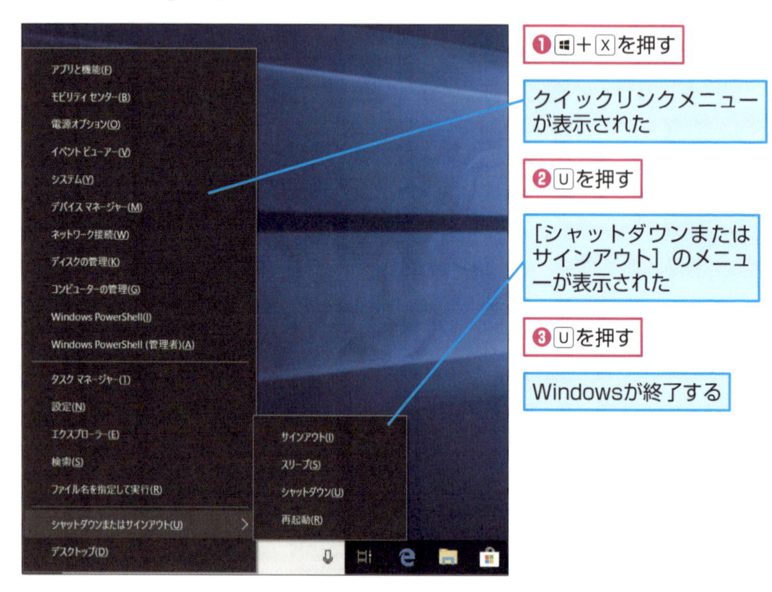

Word編

カーソルの移動 ……………………50
文字の選択 ……………………52
文字の入力 ……………………54
文字の書式 ……………………57
文字書式の解除 ……………………63
表 ……………………64
箇条書き ……………………66
行間 ……………………67
文字の配置 ……………………68
インデント ……………………70
段落書式の解除 ……………………72
アウトライン ……………………73
スタイル ……………………76
書式のコピー ……………………78
ヘッダーとフッター ……………………80
文字数のカウント ……………………81
検索と置換 ……………………82

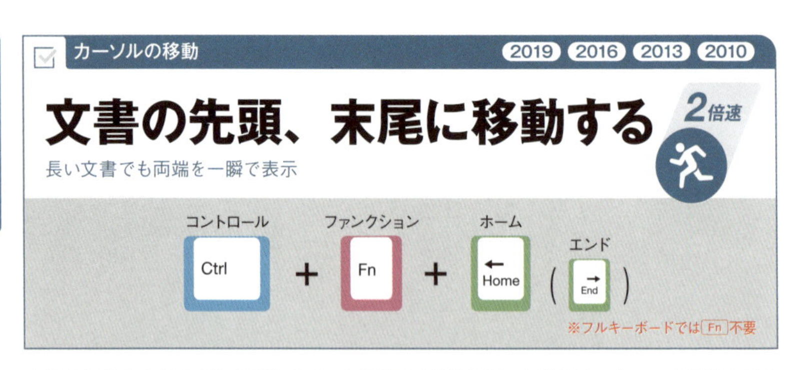

文書の先頭または末尾に移動します。Home End だけを押した場合は、カーソルがある行の行頭または文末に移動します。

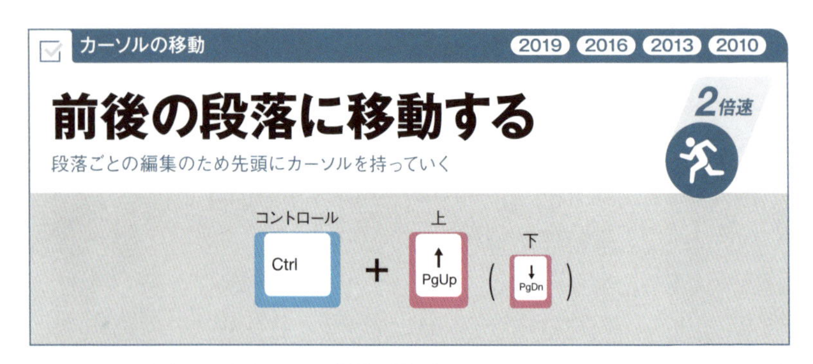

カーソルを段落単位で移動します。Ctrl+↑を押すとカーソルがある段落の先頭に、再度Ctrl+↑を押すとその前の段落の先頭に移動します。Ctrl+↓ではその反対です。

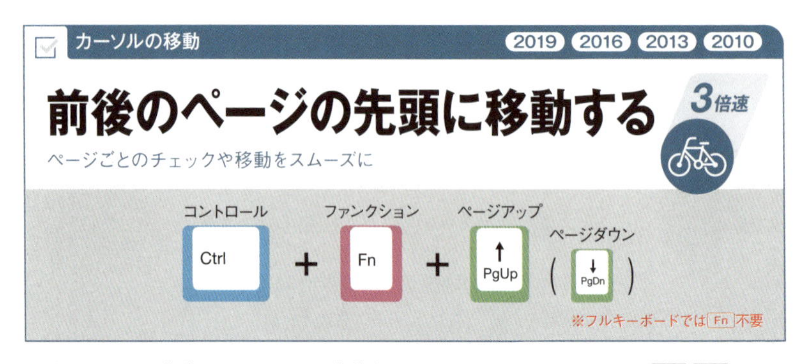

前後のページに移動し、カーソルが移動先のページの先頭に置かれます。Page Up Page Down だけを押すと、上下にページをスクロールできます。

特定のページに移動する

ページ番号を入力して一気にジャンプ

4倍速

[検索と置換] ダイアログボックスの [ジャンプ] タブが表示され、指定したページの先頭にカーソルが移動します。Gは“Go”と覚えましょう。

❶Ctrl+Gを押す

[検索と置換]ダイアログボックスの[ジャンプ]タブが表示された

❷移動したいページ番号を入力

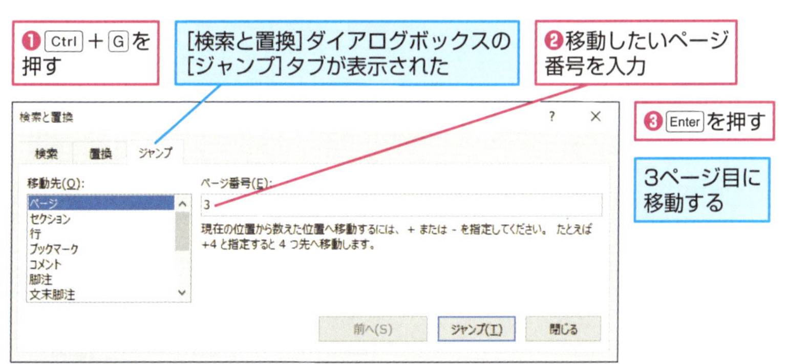

❸Enterを押す

3ページ目に移動する

ポイント

- [検索と置換]ダイアログボックスを閉じるにはEscを押します。
- [ジャンプ]タブにある[移動先]で[セクション]や[行] [ブックマーク]などを選択すれば、ページ以外を対象に移動できます。
- 現在のページを起点にして「+3」と入力すれば3ページ先、「−5」と入力すれば5ページ前など、「+」「−」記号を使って移動先のページを指定できます。

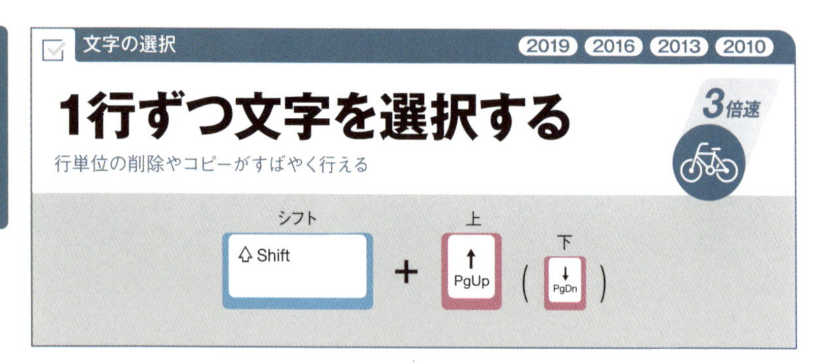

カーソルがある位置から文字を1行単位で選択します。Shiftを押したまま↑↓を複数回押すと、複数の行を選択できます。

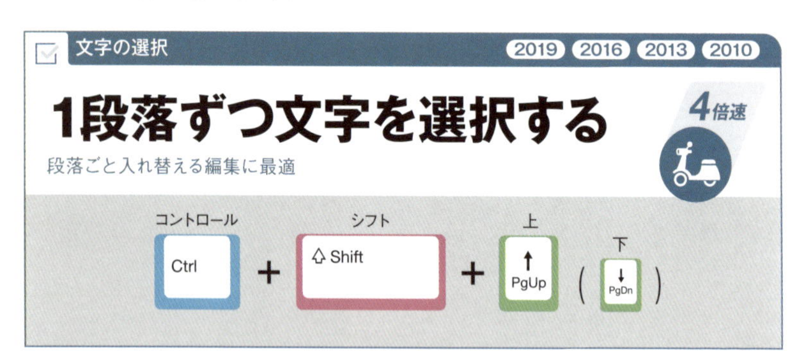

カーソルがある位置から段落の先頭、または末尾までを選択します。Ctrl+Shiftを押したまま↑↓を複数回押すと、複数の段落を選択できます。

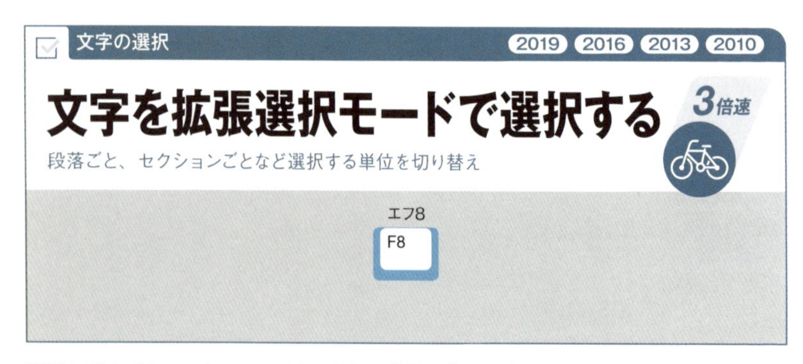

F8を押すごとに、カーソルがある位置を基準に単語、文章、段落、セクション、文書全体の順で選択範囲が広がります。Escを押すと拡張選択モードが終了します。

文字を矩形選択モードで選択する

3倍速

「各行の先頭○文字ずつ」のような選択が可能

文書の一部を矩形（四角形）で選択する「矩形選択モード」に切り替わります。カーソルがある位置を基準に↑↓←→で範囲を選択でき、Escで終了します。

3行分の先頭から4文字分を選択する

選択を開始したい位置にカーソルを移動しておく

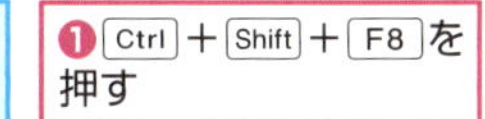

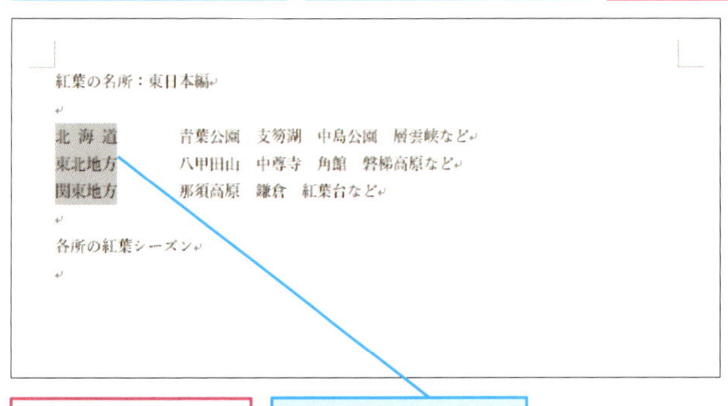

❷ ↑ ↓ ← → を押して範囲を選択

矩形の範囲の文字だけを選択できた

ポイント

- マウス操作で矩形選択を行いたいときは、Altを押しながらドラッグして選択します。

書式なしで文字を貼り付ける

5倍速

PDFやWebページからコピーした文字の貼り付けに利用

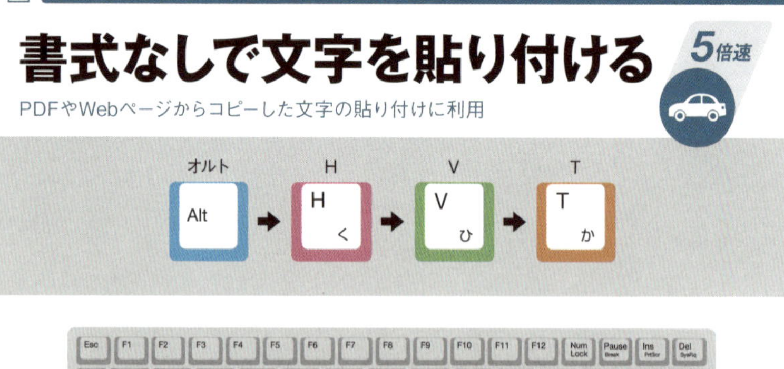

ほかのアプリやPDF文書、Webページなどからコピーした文字を、元の書式（フォントや大きさ、太字や斜体など）を反映せずに貼り付けます。

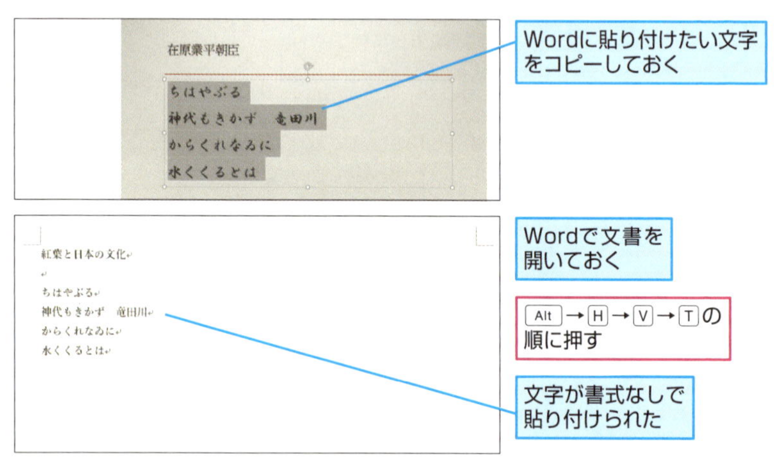

ポイント

- Ctrl＋Alt＋Vを押して表示される[形式を選択して貼り付け]ダイアログボックスから、文字を貼り付ける形式を選択することもできます。

コントロール
Ctrl
エンター
Enter
5倍速

改ページ記号を入力する

文書の区切りで新しいページに移り、作業を継続

文書の途中で改ページを行う［ページ区切り］記号を入力します。キーボードから手を離さずに改ページし、入力を続けられます。

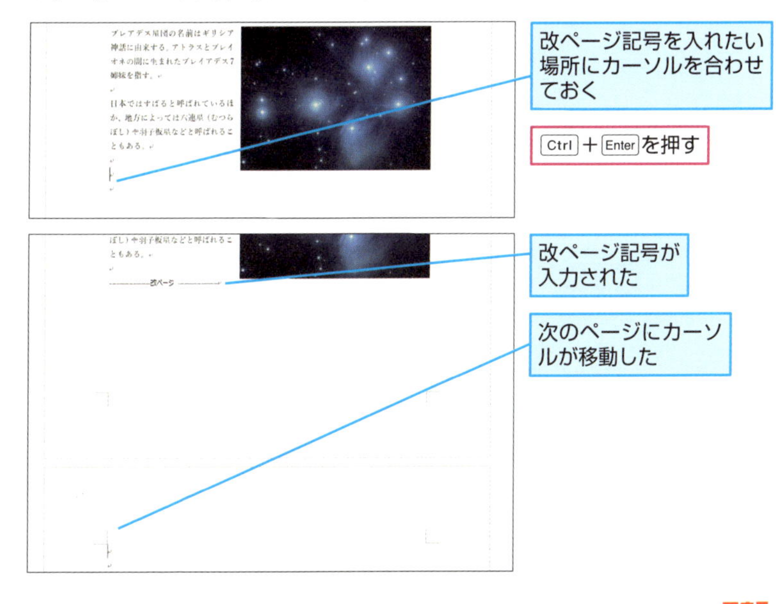

改ページ記号を入れたい場所にカーソルを合わせておく
Ctrl ＋ Enter を押す
改ページ記号が入力された
次のページにカーソルが移動した

文字の入力
2019 2016 2013 2010
日付を入力する
入力した日付はファイルを開くたびに更新
4倍速
オルト
Alt
シフト
Shift
D
D
し

「2019/3/21」の形式で日付を入力し、常にファイルを開いた日を表示します。最新の日付で印刷したい申請書類などに便利です。Dは“Date”と覚えましょう。

「午前9時35分」の形式で現在時刻を入力し、ファイルを開くたびに自動的に更新されます。時刻を付けて印刷したい書類などに便利です。Tは“Time”と覚えましょう。

文字の入力
2019 2016 2013 2010
著作権記号を入力する
よく使う記号の入力をショートカットキーで
8倍速
コントロール
Ctrl
オルト
Alt
C
C
そ

通常は「マルシー」の変換などで入力する著作権記号（©）を直接入力できます。Ctrl＋Alt＋Rを押すと登録商標記号（®）、Ctrl＋Alt＋Tでは商標記号（™）を入力できます。

文字を均等割り付けする

「3文字を4文字分の幅で」のように配置する幅を指定

2倍速

［文字の均等割り付け］ダイアログボックスを表示します。文字列の幅を数値で入力して Enter を押すと、文字が均等割り付けされます。文字を選択していない場合、段落全体に対して均等割り付けが行われます。

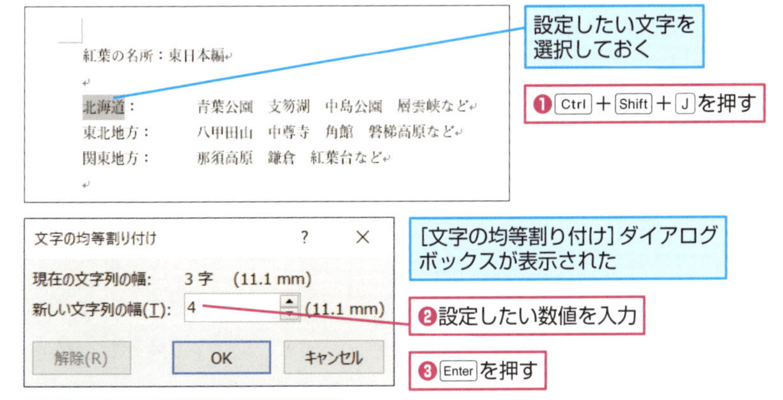

見出しなどの書体を変えてデザインを整える

2倍速

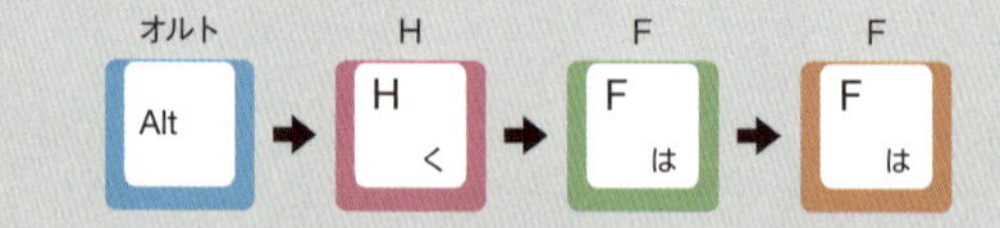

［ホーム］タブにある［フォント］が選択状態になります。続けて↓を押すとフォントの一覧が表示されるので、↑↓で選択してEnterで確定します。

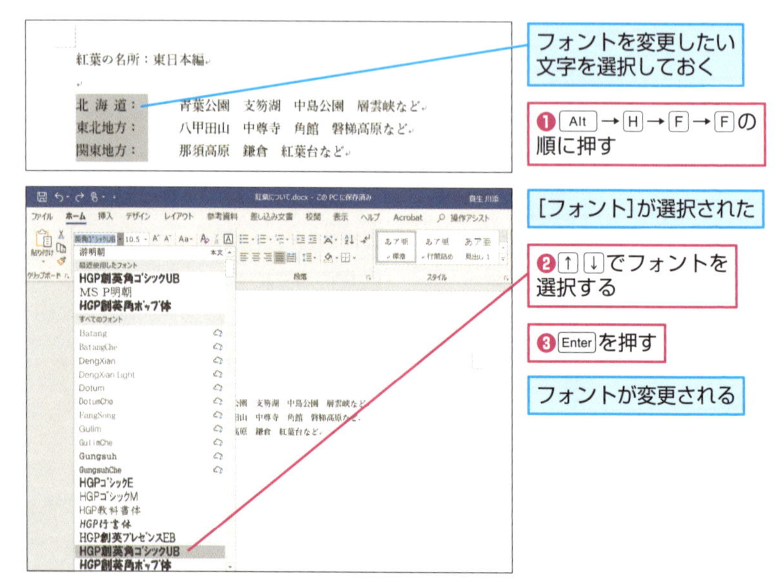

文字を1ポイント拡大、縮小する

4倍速

文書の重要な部分を大きな文字で目立たせる

コントロール

＋

角カッコ閉じ

（角カッコ ）

文字を選択した状態でCtrl＋]を押すとフォントサイズが1ポイントずつ大きく、Ctrl＋[を押すと1ポイントずつ小さくなります。

プレアデス星団

牡牛座の散開星団で、和名は「すばる」。約6千万から1億歳と若い年齢の星団。星間ガスが星団の光を反射し、星団を構成する星の周囲に広がるガスが青白く輝いている。

フォントサイズを変更したい文字を選択しておく

Ctrlを押しながら]を必要な分だけ押す

プレアデス星団

牡牛座の散開星団で、和名は「すばる」。約6千万から1億歳と若い年齢の星団。星間ガスが星団の光を反射し、星団を構成する星の周囲に広がるガスが青白く輝いている。

フォントが大きくなった

便利な組み合わせ　拡大した文字をさらに強調

太字に設定する Ctrl ＋ B ……………………………………P.61

ポイント

● Ctrl＋Shift＋,.を押すと、[ホーム]タブの[フォントサイズ]の一覧にある規定のポイント数に合わせてフォントサイズを変更できます。

文字の書式 2019 2016 2013 2010

フォントや色をまとめて設定する

3倍速

文字の書式設定をする［フォント］ダイアログボックスを表示

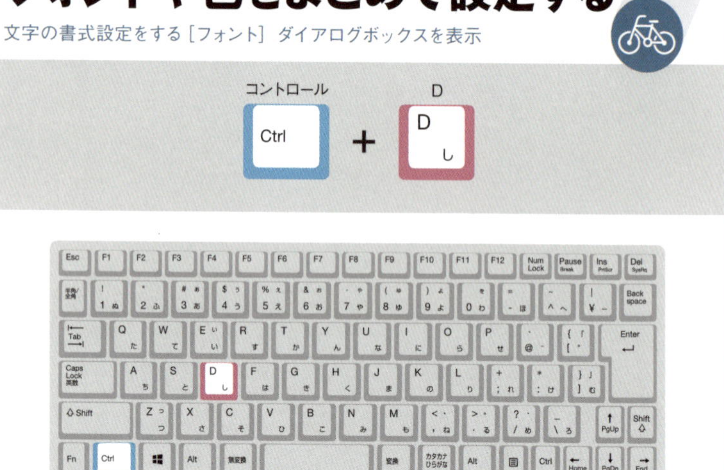

［フォント］ダイアログボックスを表示し、選択した文字にフォントの種類やスタイル、色、サイズなどの書式をまとめて設定できます。リボンにはない［傍点］などの装飾も可能です。

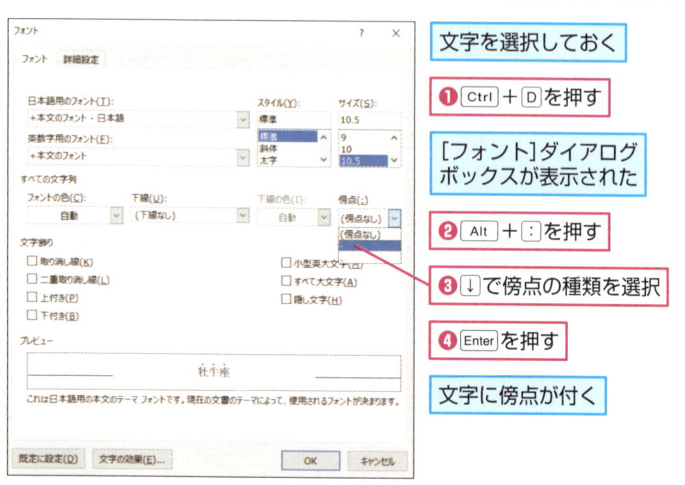

文字を選択しておく

❶ Ctrl ＋ D を押す

［フォント］ダイアログボックスが表示された

❷ Alt ＋ : を押す

❸ ↓ で傍点の種類を選択

❹ Enter を押す

文字に傍点が付く

ポイント

● Ctrl ＋ Shift ＋ F 、 Ctrl ＋ Shift ＋ P でも［フォント］ダイアログボックスを表示できます。

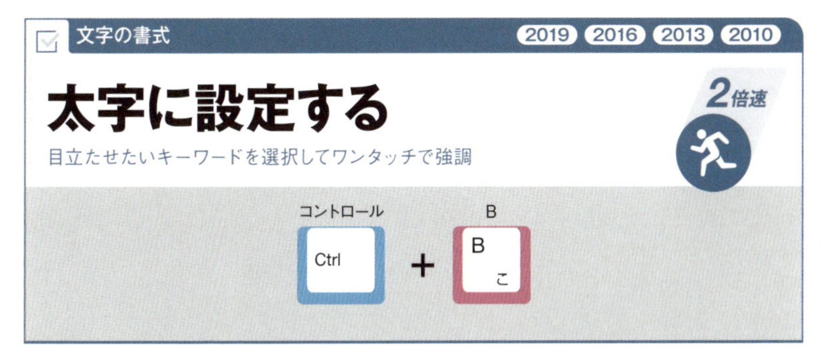

選択した文字を太字にして強調します。このショートカットキーはExcelやPowerPoint、Outlookなどでも利用できます。Bは“Bold”と覚えましょう。

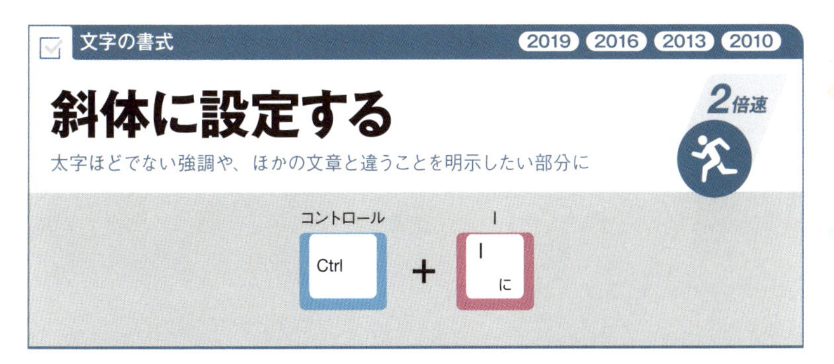

選択した文字を斜体にします。このショートカットキーはExcelやPowerPoint、Outlookなどでも利用できます。Iは“Italic”と覚えましょう。

選択した文字に下線を引きます。このショートカットキーはExcelやPowerPoint、Outlookなどでも利用できます。Uは“Underline”と覚えましょう。

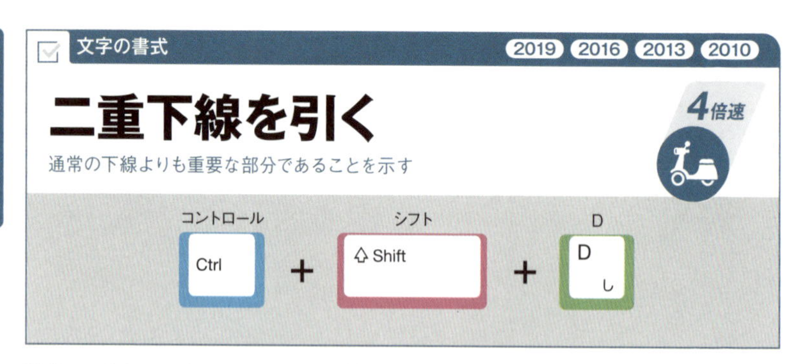

選択した文字に二重下線を引きます。Alt→H→3の順に押すと［ホーム］タブにある［下線］のリストが表示され、破線や点線など、さまざまな種類の下線を設定できます。

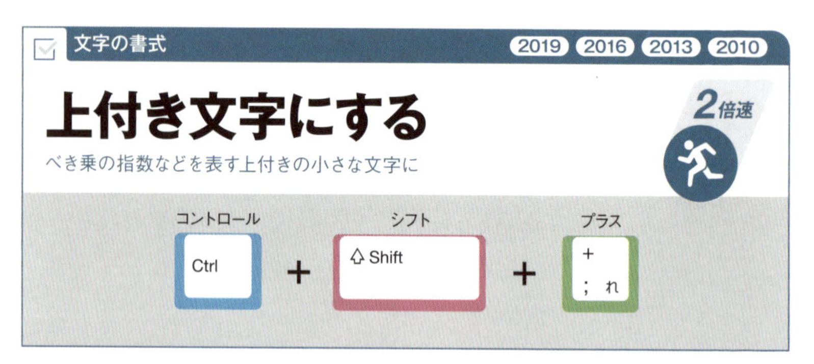

選択した文字を小さくして、行の上部に配置します。PowerPointで上付き文字を設定したい場合にも利用できます。

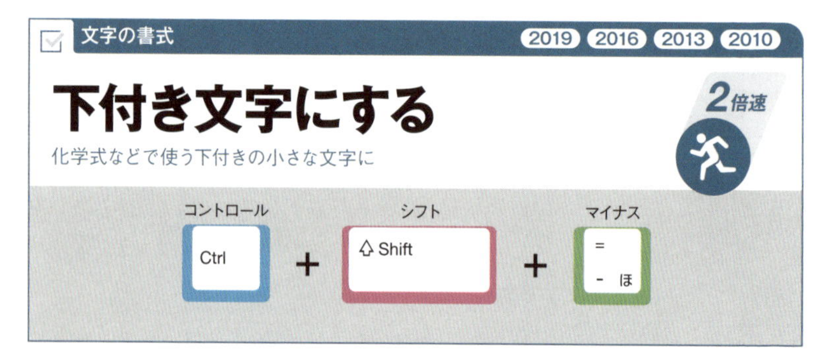

選択した文字を下付き文字に設定します。PowerPointで下付き文字を設定したいときは、Ctrl＋+を押します。

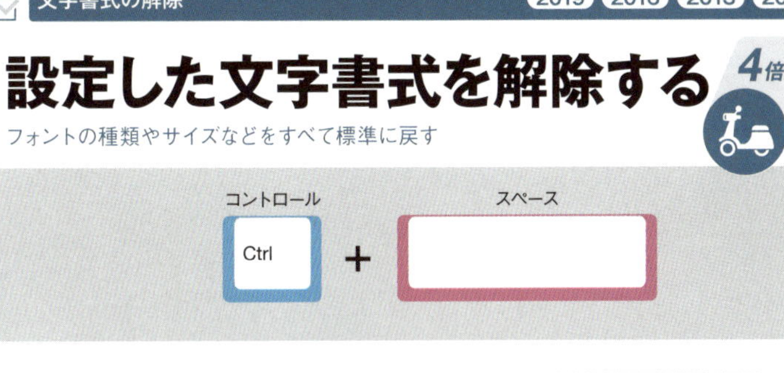

設定した文字書式を解除する

4倍速

フォントの種類やサイズなどをすべて標準に戻す

コントロール Ctrl ＋ スペース

フォントの種類やサイズ、太字など、自分で設定した文字の書式を解除します。ただし、「見出し1」などのスタイルは解除されません。

牡牛座の散開星団で、和名は「すばる」。約6千万から1億歳と若い年齢の星団。星間ガスが星団の光を反射し、星団を構成する星の周囲に広がるガスが青白く輝いている。

書式を解除したい文字を選択しておく

Ctrl ＋ [スペース] を押す

プレアデス星団

牡牛座の散開星団で、和名は「すばる」。約6千万から1億歳と若い年齢の星団。星間ガスが星団の光を反射し、星団を構成する星の周囲に広がるガスが青白く輝いている。

アルキオネ、アトラス、エレクトラ、マイア、メローペ、タイゲタ、プレイオネなどの星から構成されている。もっとも明るいのはアルキオネで、等級は2.87。

設定していた文字の書式が解除された

便利な組み合わせ 書式を解除したい文字をまとめて選択

類似した書式の文字を選択する Alt → H → S → L → S …P.82

表を挿入する

列と行の数を指定するダイアログボックスをすぐに表示

［表の挿入］ダイアログボックスを表示します。列と行の数を指定して Enter を押すと、カーソルがある位置に任意の列数および行数の表が挿入されます。

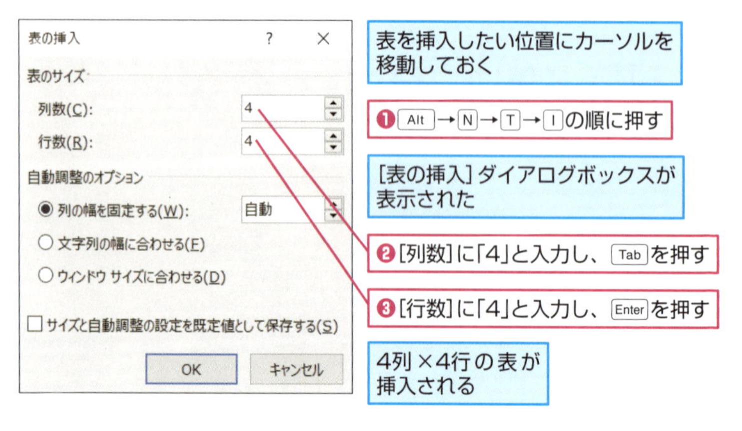

ポイント

- Alt → N → T まで押したあと、［挿入］タブの［表の挿入］で ↑ ↓ ← → を押して大きさを指定し、Enter を押して表を挿入することもできます。

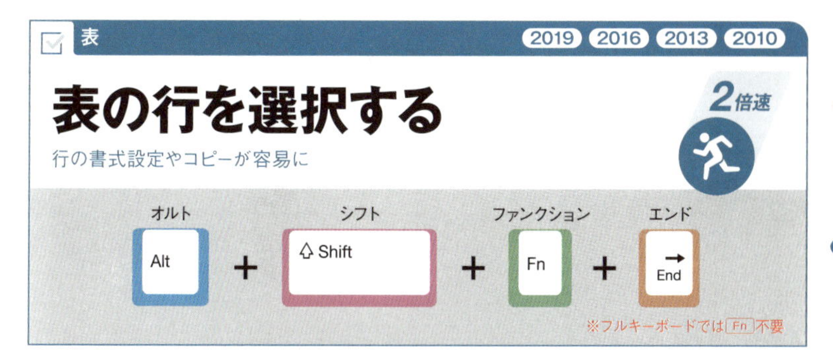

表
2019 2016 2013 2010
表の行を選択する
行の書式設定やコピーが容易に
2倍速
オルト
シフト
ファンクション
エンド
Alt
Shift
Fn
End
※フルキーボードではFn不要

カーソルのあるセルから、その行の最後のセルまでを選択します。行全体を選択するには、行の先頭のセルにカーソルを置いて、このショートカットキーを使います。

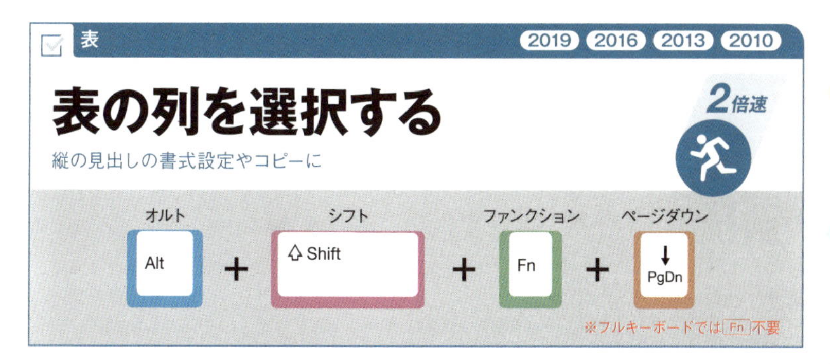

カーソルのあるセルから、その列の最後のセルまでを選択します。列全体を選択するには、列の最初のセルにカーソルを置いて、このショートカットキーを使います。

表
2019 2016 2013 2010
表の行、列を削除する
行や列を作りすぎたときも簡単に調整
5倍速
オルト
J
L
D
R
C
Alt
J ま
L り
D し
R す
C そ

行や列を選択して削除する操作を一気に行います。行を削除するには[Alt]→[J]→[L]→[D]→[R]、列を削除するには最後の[R]の代わりに[C]を押します。

箇条書きに設定する

文字を入力後、まとめて箇条書きに変換

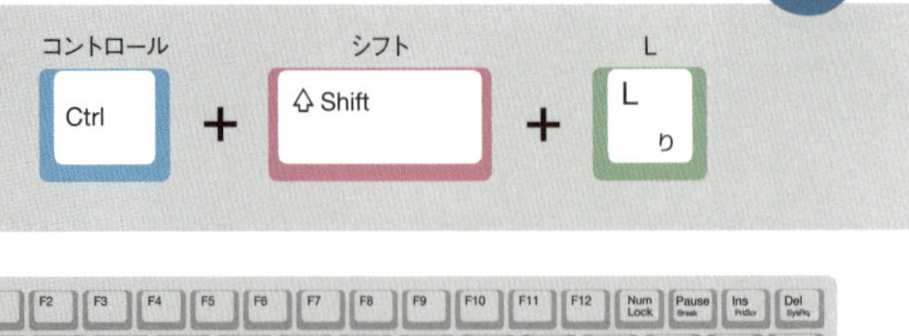

文章の内容を項目としてリスト化し、読みやすくする箇条書きを設定します。複数の行に設定する場合は、あらかじめ全体を選択しておきます。Lは“List”と覚えましょう。

葉が紅葉となる条件としては、日の最低気温が 8 度以下になる必要があり、5 度以下では変化の進行が早まるとされている。また美しい紅葉となるためには、以下のような条件を満たす必要があると言われる。
昼夜の気温差が大きい
斜面にある
空気が汚れていない
適度な水分が保たれている

箇条書きに設定したい行を選択しておく

Ctrl＋Shift＋Lを押す

葉が紅葉となる条件としては、日の最低気温が 8 度以下になる必要があり、5 度以下では変化の進行が早まるとされている。また美しい紅葉となるためには、以下のような条件を満たす必要があると言われる。
- 昼夜の気温差が大きい
- 斜面にある
- 空気が汚れていない
- 適度な水分が保たれている

箇条書きに設定された

便利な組み合わせ　箇条書きをさらに読みやすく

行間を広げる Ctrl ＋ 2 ……………………P.67

左インデントを設定する Ctrl ＋ M ……………………P.70

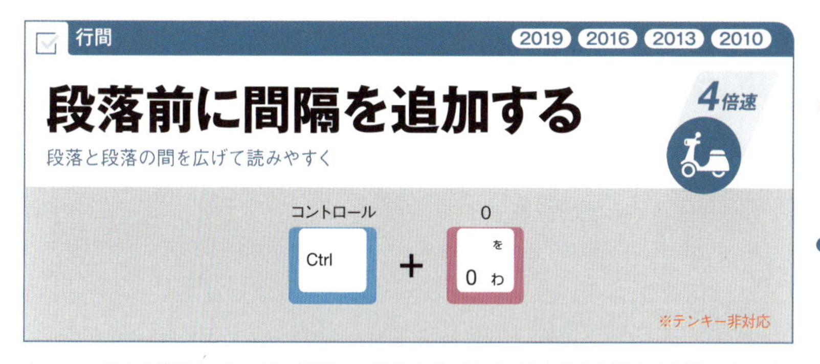

カーソルがある段落と、その前の段落との間隔を広げます。再度押すと設定を解除できます。ページの先頭の段落で押しても間隔は作られません。

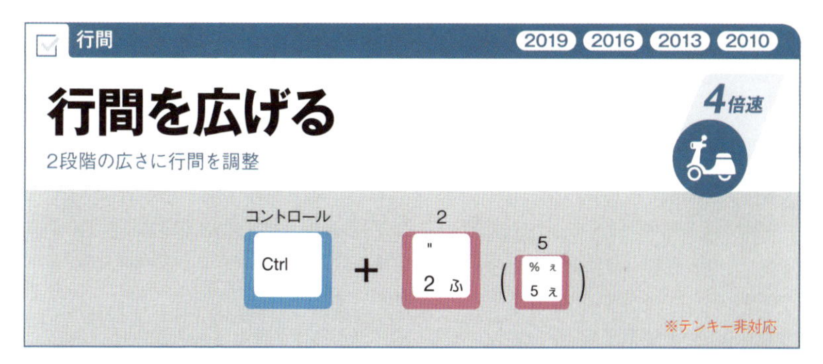

カーソルがある段落の行間を変更します。Ctrl＋2では行間が2行、Ctrl＋5では1.5行に設定されます。

行間を変更したあとでこのショートカットキーを押すと、カーソルがある段落の行間が標準の1行に戻ります。

文字を中央揃えにする

文書のタイトルなど、注目してほしい部分を目立つレイアウトに

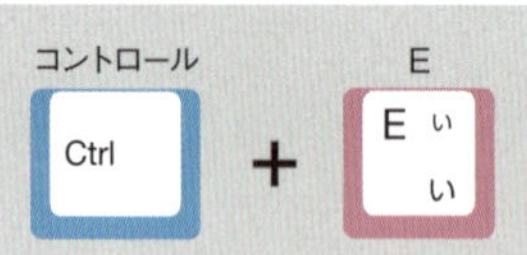

カーソルがある段落を中央揃えに設定します。再度押すと標準の状態に戻ります。このショートカットキーはテキストボックスやPowerPointのプレースホルダーでも使えます。

紅葉について

紅葉とは、落葉広葉樹の葉の色が変わる現象のことを指す。ただし、葉の色が赤くなることを「紅葉」、黄変する場合を「黄葉」、褐色に変化する場合を「褐葉」と呼ぶこともある。本章では特に区別する場合を除いて「紅葉」と記述する。

中央揃えにしたい段落にカーソルを合わせておく

Ctrl + E を押す

紅葉について

紅葉とは、落葉広葉樹の葉の色が変わる現象のことを指す。ただし、葉の色が赤くなることを「紅葉」、黄変する場合を「黄葉」、褐色に変化する場合を「褐葉」と呼ぶこともある。本章では特に区別する場合を除いて「紅葉」と記述する。

段落の文字が中央揃えになった

便利な組み合わせ　注目してほしい部分をさらに目立たせる

フォントや色をまとめて設定する Ctrl + D ……………………P.60

行間を広げる Ctrl + 2 ……………………………………P.67

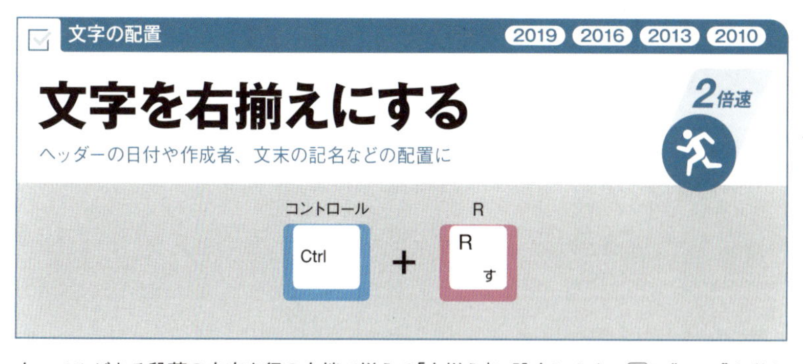

カーソルがある段落の文字を行の右端で揃える「右揃え」に設定します。Rは“Right”と覚えましょう。

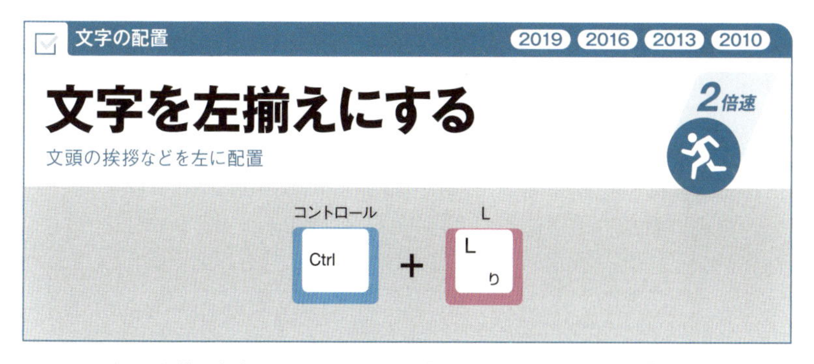

カーソルがある段落の文字を行の左端で揃える「左揃え」に設定します。Lは“Left”と覚えましょう。

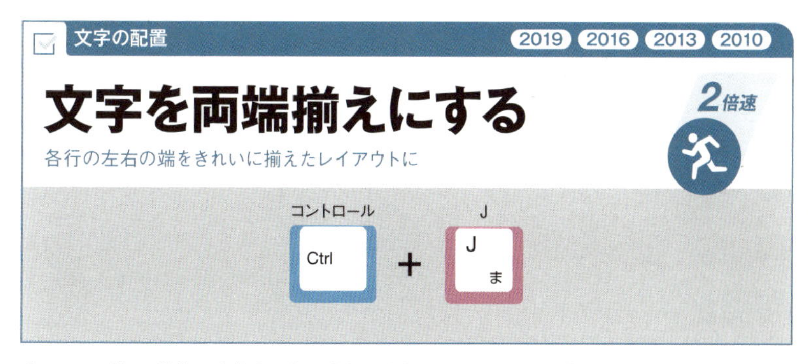

カーソルがある段落の文字を、行の左側と右側の両方を揃える「両端揃え」に設定します。Jは“Justify”と覚えましょう。

左インデントを設定する

段落ごとに字下げして読みやすい文書に仕上げる

カーソルがある段落の行頭の位置を字下げする「左インデント」を設定します。Ctrlを押したままMを複数回押すと、押した回数だけ字下げ幅が広がります。

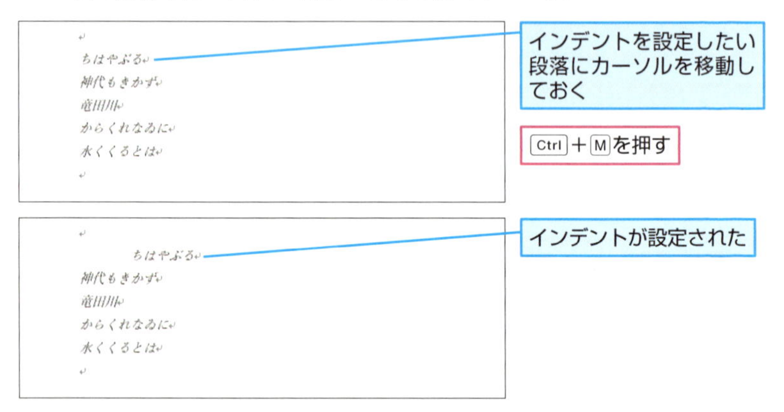

ポイント

- Shiftを押しながらCtrl＋Mを押すと字下げ幅を元に戻せます。
- 字下げ幅は標準で4文字分に設定されています。この幅は［レイアウト］タブの［インデント］の項目で調整できます。

ぶら下げインデントを設定する

4倍速 

2行目以降を字下げして段落の見出しを目立たせる

段落の最初の行のタブ記号以降に入力された文字と、2行目以降の行頭の位置を字下げする「ぶら下げインデント」を設定します。[T]を押した回数だけ字下げ幅が広がります。

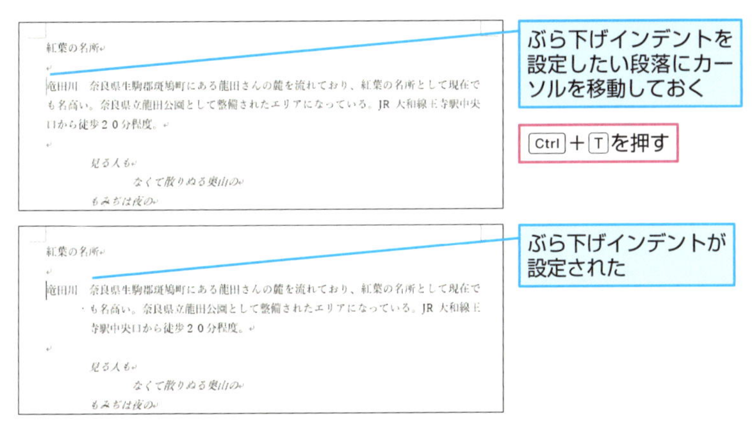

ポイント

- [Shift]を押しながら[Ctrl]＋[T]を押すと字下げ幅を元に戻せます。
- 左インデントとぶら下げインデントを組み合わせて設定している段落で[Ctrl]＋[T]を押すと、左インデントの設定も同時に字下げされます。

段落書式の解除　2019　2016　2013　2010

設定した段落書式を解除する

3倍速

変更した行間や文字の配置を元に戻す

カーソルのある段落に設定したインデントや行間などの書式を解除します。ただし段落にスタイルを設定している場合、スタイルによる書式は解除されません。

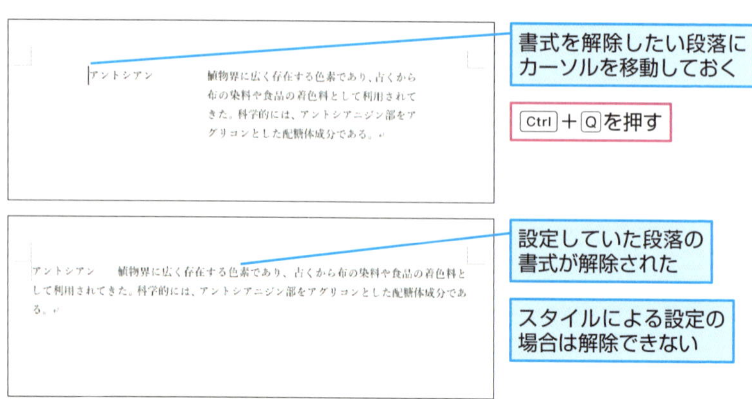

ポイント

- 文字の書式を解除するには、Ctrl＋　　（P.63）のショートカットキーを使います。
- 箇条書き設定（P.66）の解除は、このショートカットキーではできません。Ctrl＋Shift＋N（P.77）を使いましょう。

アウトライン表示に切り替える

4倍速

文書構造を確認しながら執筆する表示モードに

見出しのレベルごとの構造が見やすい「アウトライン」表示に切り替えます。Ctrl+Alt+Pで標準の「印刷レイアウト」に戻ります。Oは“Outline”と覚えましょう。

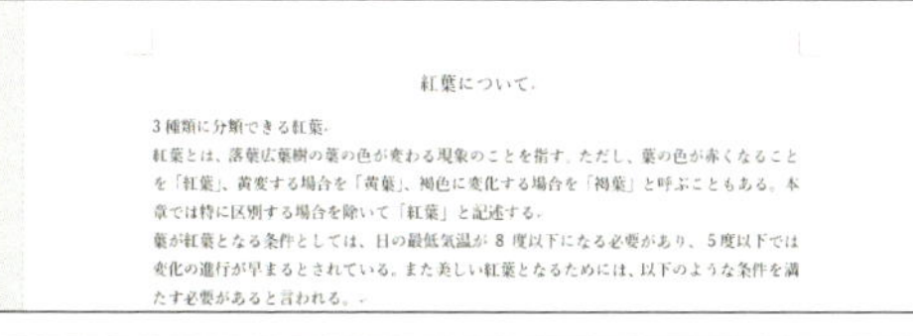
紅葉について

3種類に分類できる紅葉

紅葉とは、落葉広葉樹の葉の色が変わる現象のことを指す。ただし、葉の色が赤くなることを「紅葉」、黄変する場合を「黄葉」、褐色に変化する場合を「褐葉」と呼ぶこともある。本章では特に区別する場合を除いて「紅葉」と記述する。

葉が紅葉となる条件としては、日の最低気温が8度以下になる必要があり、5度以下では変化の進行が早まるとされている。また美しい紅葉となるためには、以下のような条件を満たす必要があると言われる。

アウトライン表示で文書を編集する

Ctrl+Alt+Oを押す

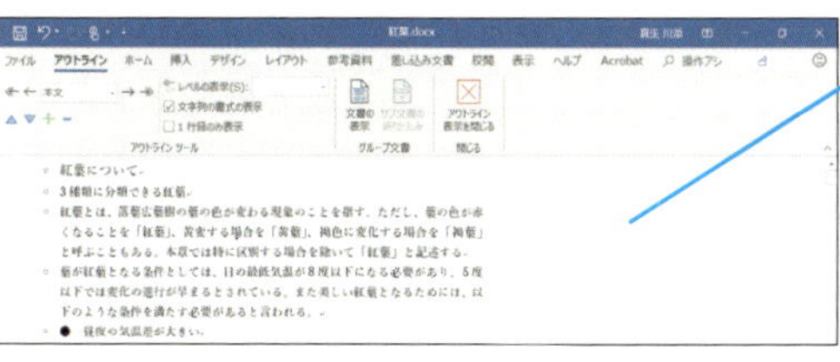

アウトライン表示になった

便利な組み合わせ 文書の構造をよりわかりやすくする

段落のアウトラインレベルを変更する Alt + Shift + ← ………P.74

レベル1の見出しだけを表示する Alt + Shift + 1 ……………P.76

Windows Word Excel PowerPoint Outlook Chrome Gmail Google カレンダー

段落のアウトラインレベルを変更する

3倍速

文書構造がわかりやすいようにアウトラインを調整

オルト
Alt
シフト
Shift
左
Home
右
End

アウトライン表示した段落のレベルを変更し、文書の構造を整えます。レベルを上げるには Alt + Shift + ←、レベルを下げるには Alt + Shift + → を押します。

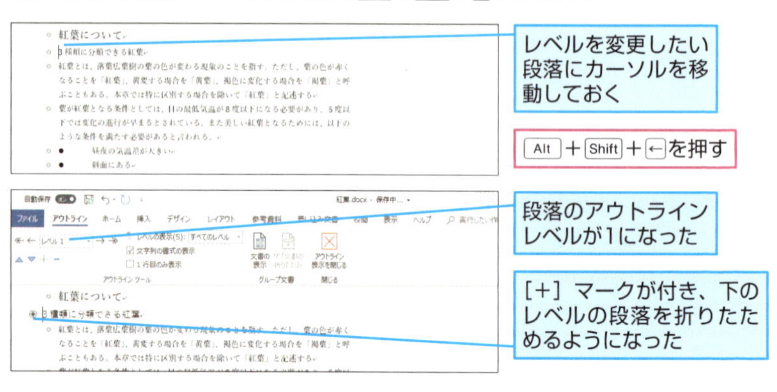
レベルを変更したい段落にカーソルを移動しておく
Alt + Shift + ← を押す
段落のアウトラインレベルが1になった
[+] マークが付き、下のレベルの段落を折りたためるようになった
紅葉について
3種類に分類できる紅葉

ポイント

- このショートカットキーは印刷レイアウト表示や下書き表示でも利用できます。
- 標準の設定では、アウトラインのレベルと見出しのスタイルは対応しています。印刷レイアウトでこのショートカットキーを使うと、見出しスタイルの設定(P.76)になります。

関連 レベル 1 の見出しだけを表示する Alt + Shift + 1 …………P.76

段落を上下に入れ替える

3倍速

段落の順番を変更して文章の流れを整える

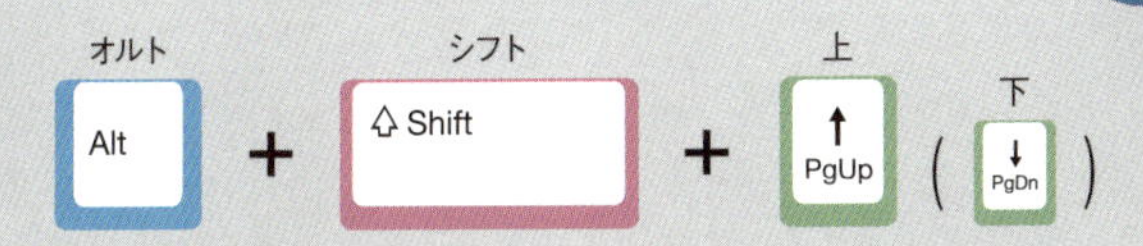
オルト
Alt
シフト
Shift
上
PgUp
下
PgDn

目的の段落にカーソルを押した状態で、Alt＋Shift＋↑を押すと上にある段落と、Alt＋Shift＋↓を押すと下にある段落と入れ替えます。

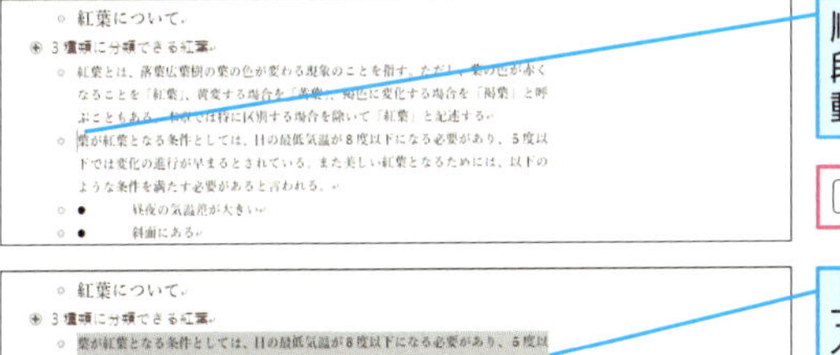
順番を入れ替えたい段落にカーソルを移動しておく
Alt＋Shift＋↑を押す
上の段落と順番が入れ替わった

ポイント

- このショートカットキーは印刷レイアウト表示や下書き表示でも利用できます。
- Wordのアウトライン表示に関するショートカットキーは、PowerPointのアウトライン表示(P.130)でも利用できます。

関連 見出し以下の本文を折りたたむ、展開する Alt ＋ Shift ＋ - …P.76

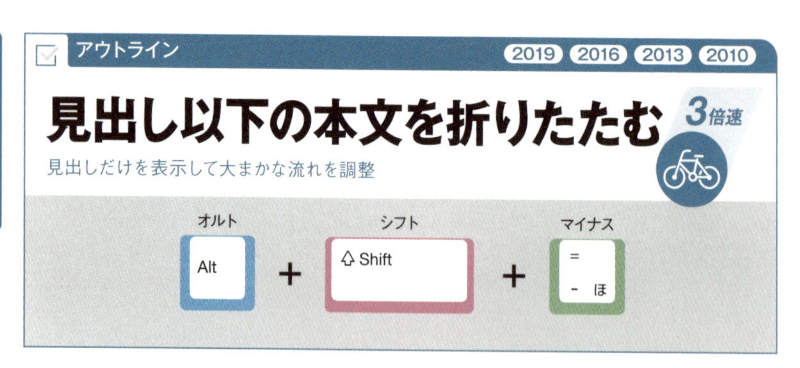

アウトライン
2019 2016 2013 2010
見出し以下の本文を折りたたむ
見出しだけを表示して大まかな流れを調整
3倍速
オルト
Alt
シフト
Shift
マイナス
=
- ほ

カーソルのある見出し（レベル1～6）の子要素（レベル2以下の見出しと従属する本文）を、最下位のレベルから順に折りたたみます。展開するには Alt ＋ Shift ＋ + を押します。

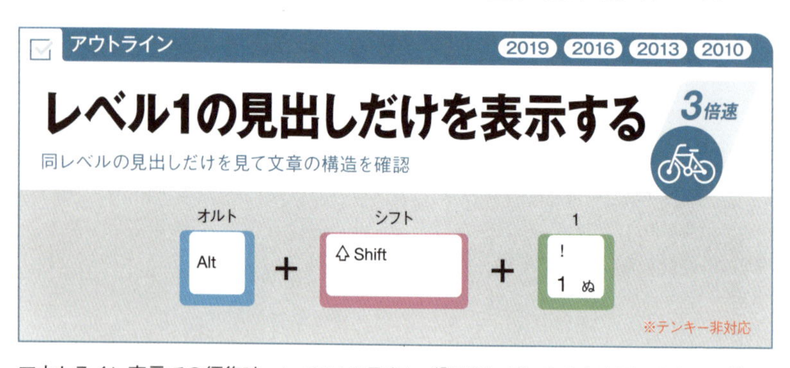

アウトライン
2019 2016 2013 2010
レベル1の見出しだけを表示する
同レベルの見出しだけを見て文章の構造を確認
3倍速
オルト
Alt
シフト
Shift
1
!
1 ぬ
※テンキー非対応

アウトライン表示での編集時、レベル1の見出し（「見出し1」）のみを表示します。同様に、Alt ＋ Shift ＋ 2 ～ 9 で表示するレベルを切り替えられます。

スタイル
2019 2016 2013 2010
見出しスタイルを設定する
カーソルがある段落をレベル1～3の見出しに
3倍速
コントロール
Ctrl
オルト
Alt
1
!
1 ぬ
2
"
2 ふ
3
ぁ
3 あ
※テンキー非対応

［ホーム］タブの［スタイル］に標準で用意されているスタイルのうち、「見出し1」は Ctrl ＋ Alt ＋ 1、2 で「見出し2」、3 で「見出し3」になります。

標準スタイルを適用する

アウトラインや見出しなどのスタイル、箇条書きをすべて解除

カーソルがある段落の書式を標準の状態に戻します。文字を選択した状態であれば、文字の書式も標準の状態に戻ります。

葉が紅葉となる条件としては、日の最低気温が 8 度以下になる必要があり、5度以下では変化の進行が早まるとされている。また美しい紅葉となるためには、以下のような条件を満たす必要があると言われる。
- 昼夜の気温差が大きい
- 斜面にある
- 空気が汚れていない
- 適度な水分が保たれている

紅葉の名所：東日本編

北 海 道：　　青葉公園　支笏湖　中島公園　層雲峡など

書式を元に戻したい段落を選択しておく

Ctrl + Shift + N を押す

葉が紅葉となる条件としては、日の最低気温が 8 度以下になる必要があり、5度以下では変化の進行が早まるとされている。また美しい紅葉となるためには、以下のような条件を満たす必要があると言われる。
昼夜の気温差が大きい
斜面にある
空気が汚れていない
適度な水分が保たれている

紅葉の名所：東日本編

北 海 道：　　青葉公園　支笏湖　中島公園　層雲峡など

箇条書きが解除された

関連　設定した文字書式を解除する Ctrl + [Space] ……………………P.63
設定した段落書式を解除する Ctrl + Q ……………………P.72

文字や段落から書式をコピーする

3倍速

クリップボードに書式設定だけを記録

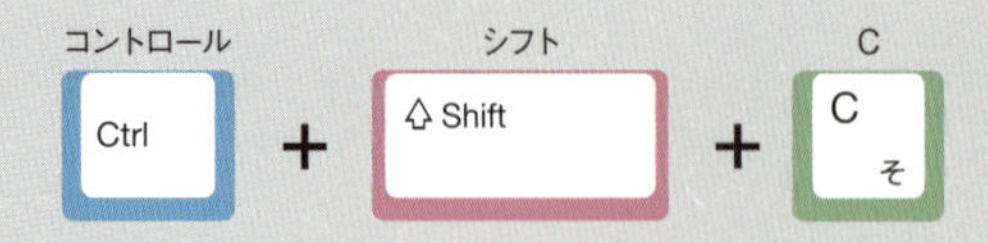

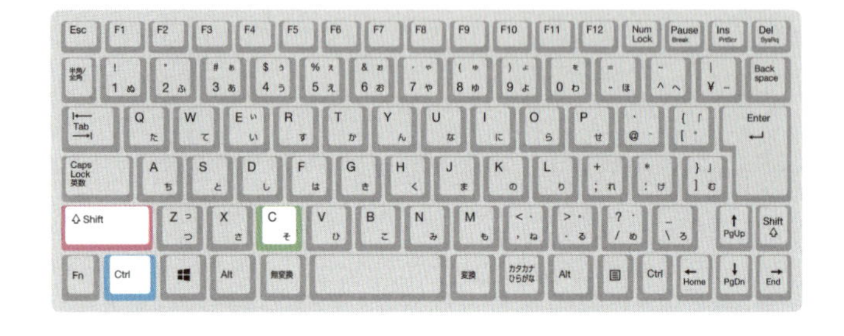

選択した文字や段落に設定された書式をコピーします。複数の文字や段落の書式を統一したいときなどに活用できます。

紅葉について

・3 種類に分類できる紅葉

紅葉とは、落葉広葉樹の葉の色が変わる現象のことを指す。ただし、葉の色が赤くなることを「紅葉」、黄変する場合を「黄葉」、褐色に変化する場合を「褐葉」と呼ぶこともある。本章では特に区別する場合を除いて「紅葉」と記述する。

葉が紅葉となる条件としては、日の最低気温が 8 度以下になる必要があり、5 度以下では変化の進行が早まるとされている。また美しい紅葉となるためには、以下のような条件を満たす必要があると言われる。

昼夜の気温差が大きい

斜面にある

空気が汚れていない

適度な水分が保たれている

書式をコピーしたい文字・段落を選択しておく

Ctrl + Shift + C を押す

書式がコピーされる

ポイント

- コピーされる書式は、選択した文字・段落で共通している書式のみです。例えば、選択した範囲に太字に設定された文字と設定されていない文字が混ざっている場合、太字の書式はコピーされません。
- コピーした書式は、Wordを終了するか、別の書式をコピーするまで記録されます。

関連 類似した書式の文字を選択する Alt → H → S → L → S …P.82

コピーした書式を貼り付ける

3倍速

クリップボードに記録した書式を別の場所の文字に適用

Ctrl + Shift + C（P.78）でコピーした書式を、ほかの文字や段落に貼り付けます。書式設定された文字を Ctrl + C でコピーした場合に、書式だけを貼り付けることもできます。

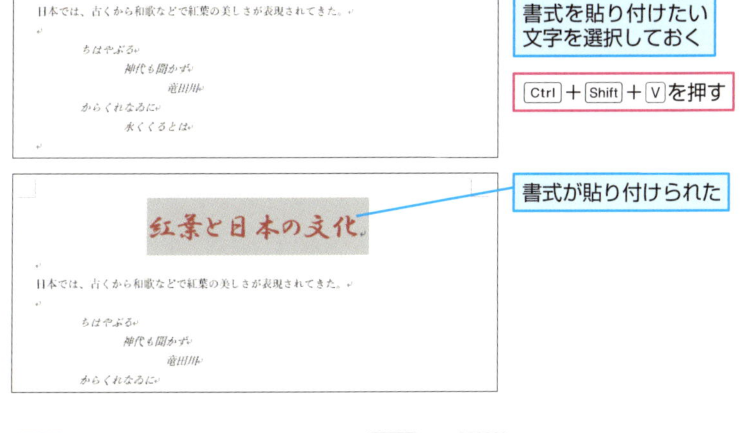

関連 設定した文字書式を解除する Ctrl + [　] ………… P.63
設定した段落書式を解除する Ctrl + Q ………… P.72

ヘッダー、フッターを編集する

6倍速

上下の欄外に文書の編集日時や作成者などを入力

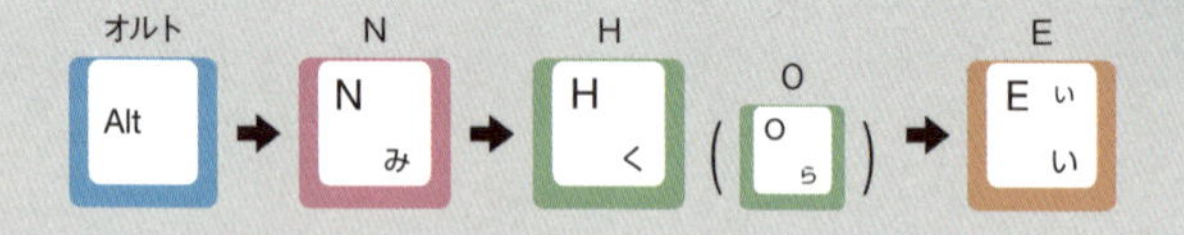

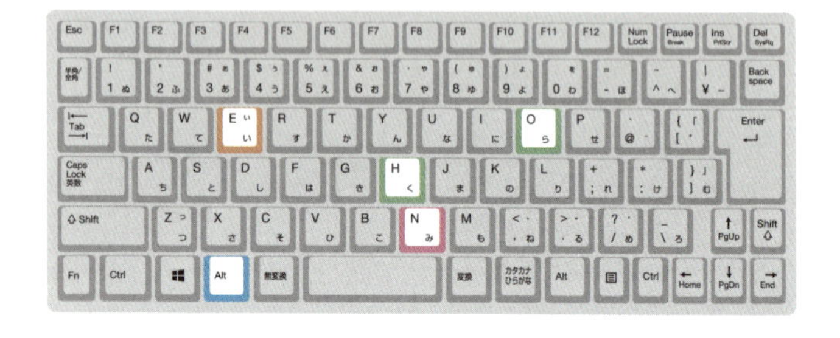

ページの上部にあるヘッダー領域を編集できるようにします。フッターを編集する場合は Alt → N → O → E の順に押します。 Esc を押すと本文の編集に戻ります。

紅葉について
・3種類に分類できる紅葉

Alt → N → H → E の順に押す

2018/10/25
紅葉狩り同好会

紅葉について
・3種類に分類できる紅葉

ヘッダーを編集できる状態になった

便利な組み合わせ　ヘッダーに右揃えの日付を入力

日付を入力する Alt + Shift + D ……… P.56
文字を右揃えにする Ctrl + R ……… P.69

文書内の文字数や行数を表示する

3倍速

作成した文書全体のボリュームを確認

ページ数や単語数、文字数、段落数、行数など、文書についての情報を確認できる［文字カウント］ダイアログボックスを表示します。

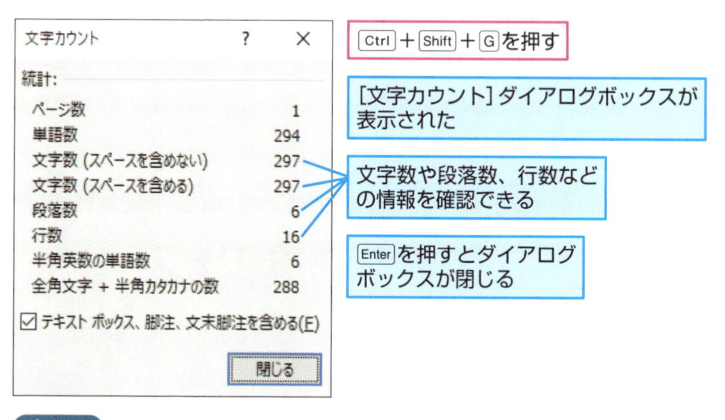

ポイント

- 文字数だけを調べたいときは、Wordのウィンドウ左下にあるステータスバーの［文字数］に表示されている数値を確認します。
- 特定の部分の文字数などを確認したいときは、目的の範囲を選択した状態でCtrl＋Shift＋Gを押します。

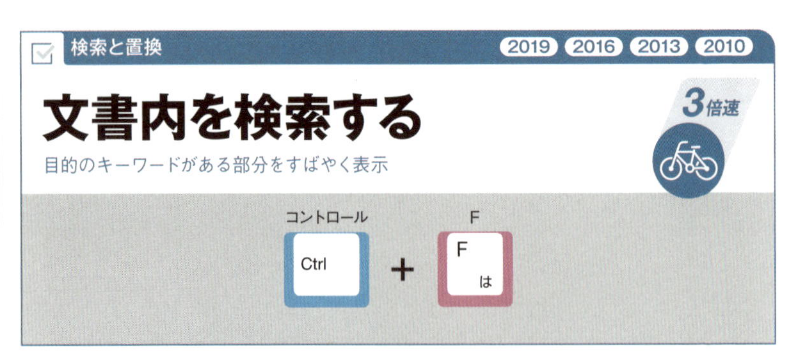

ウィンドウの左側に［ナビゲーション］を表示します。検索したいキーワードを入力すると、文書内の該当部分を一覧で表示します。Fは“Find”と覚えましょう。

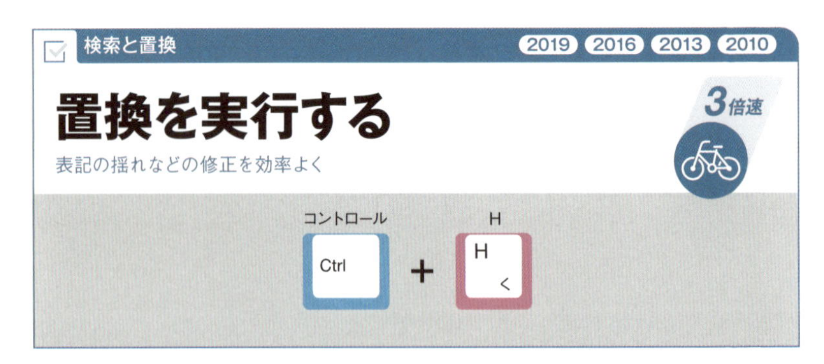

［検索と置換］ダイアログボックスの［置換］タブを表示します。［検索する文字列］と［置換後の文字列］をそれぞれ入力すると、［置換］または［すべて置換］で置換できます。

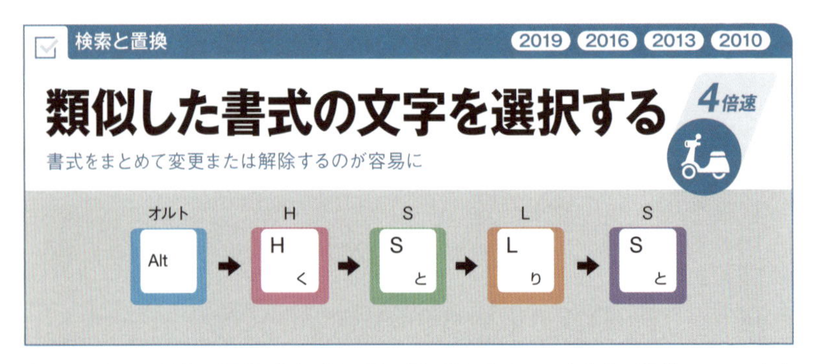

文字を選択した状態でAlt→H→S→J→Sの順に押すと、文書内の選択している文字と類似した書式が設定された文字をまとめて選択できます。

Excel編

データの入力……………………………84
数式の入力 ……………………………90
セルの挿入と削除……………………92
セルの移動 ……………………………94
セル範囲の選択 ………………………98
行と列 ………………………………103
罫線…………………………………104
文字の書式 …………………………106
セルの書式 …………………………107
表示形式……………………………108
操作の繰り返し ……………………110
数式の表示 …………………………111
テーブル……………………………112
ピボットテーブル…………………113
グラフ ………………………………114
クイック分析………………………115
フィルター …………………………116
グループ化 …………………………117
セル範囲の名前 ……………………118
検索と置換 …………………………120
コメント……………………………121
ワークシート………………………123

セル内のデータを編集する

セルをダブルクリックする操作を不要に

エフ2
F2

セル内にカーソルが表示され、データを編集できます。F2を押さずに入力すると上書きになります。Excelを利用するうえで、必ず覚えておきたいショートカットキーです。

データを編集したいセルを選択しておく

F2を押す

	A	B	C	D	E	F
1	No.	氏名	氏名（カタカナ）	性別	生年月日	年齢
2	1	古谷美佳	フルヤミカ	女	1966/9/7	52
3	2	三木恒夫	ミキツネオ	男	1988/5/16	30
4	3	奥村貴士	オクムラタカシ	男	1961/10/27	57
5	4	瀬尾一子	セオイチコ	女	1980/7/26	38

カーソルが表示され、編集モードに切り替わった

データを編集してEnterを押すと、編集が完了する

	A	B	C	D	E	F
1	No.	氏名	氏名（カタカナ）	性別	生年月日	年齢
2	1	古谷美佳	フルヤミカ	女	1966/9/7	52
3	2	三木恒夫	ミキツネオ	男	1988/5/16	30
4	3	奥村貴士	オクムラタカシ	男	1961/10/27	57
5	4	瀬尾一子	セオイチコ	女	1980/7/26	38

ポイント

- セルに数式のエラーを示すアイコンや「貼り付けのオプション」、「クイック分析」(P.115)が表示されているときは、Alt＋Shift＋F10を押すとメニューを表示できます。

同じデータを複数のセルに入力する

5倍速

何度も同じデータを入力したりコピーしたりする手間を省く

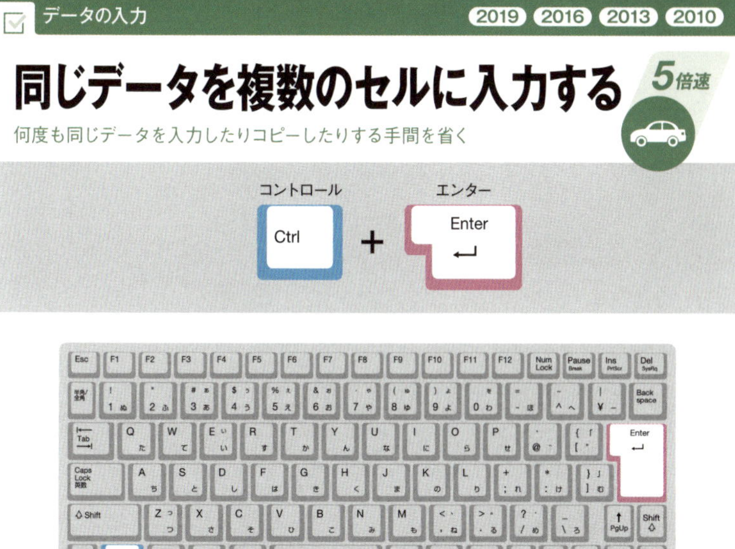
コントロール
Ctrl
+
エンター
Enter

同じデータを入力したい複数のセルを選択し、データを入力したあとにCtrl+Enterを押すと、選択したすべてのセルに同じデータを入力できます。

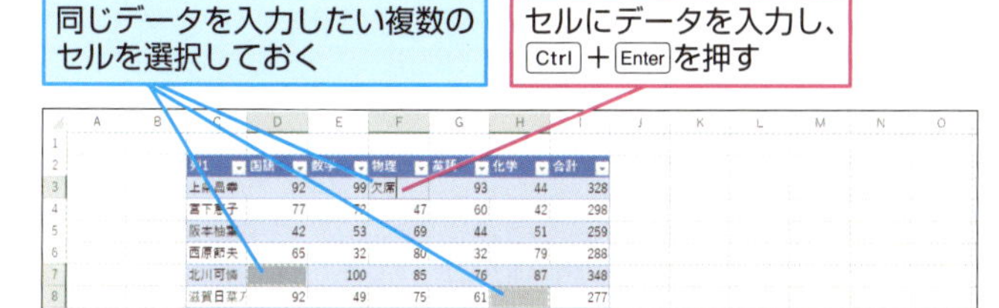
同じデータを入力したい複数のセルを選択しておく
セルにデータを入力し、Ctrl+Enterを押す

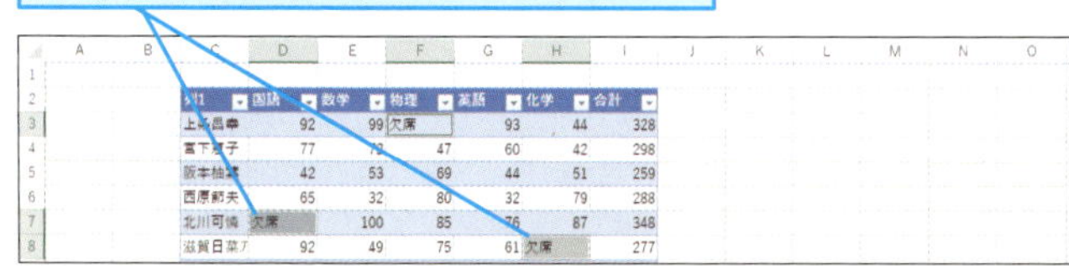
選択しているセルに同じデータが入力された

便利な組み合わせ　同じデータを入力したセルに同じ書式を設定

セルの書式設定を表示する Ctrl + 1 ………………………………… P.107

データの入力 2019 2016 2013 2010

上のセルのデータをコピーする

4倍速

文字や数式を縦方向に並んだセルにまとめて複製

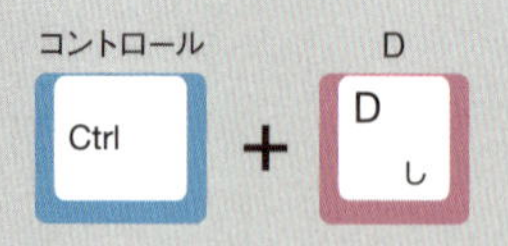

選択したセルに、その上にあるセルと同じデータを入力します。列方向にセル範囲を選択している場合、範囲の一番上のセルのデータが範囲内のすべてのセルにコピーされます。

セルC101のPHONETIC関数をコピーする

Ctrl＋Dを押す

C102

	No.	氏名	氏名（カタカナ）	性別	生年月日	年齢
94	93	畑中秋友	ハタナカアキトモ	男	1996/6/19	22
95	94	猪股清子	イノマタキヨコ	女	1972/9/25	46
96	95	仲村優希	ナカムラユウキ	女	1996/8/14	22
97	96	波多野勇蔵	ハタノユウゾウ	男	1975/11/16	42
98	97	川村文乃	カワムラアヤノ	女	1976/10/16	42
99	98	三島晴臣	ミシマハルオミ	男	1994/7/2	24
100	99	足立知里	アダチチサト	女	1973/7/4	45
101	100	浅田綾香	アサダアヤカ	女	1971/2/23	47
102	101	綾小路龍之助				

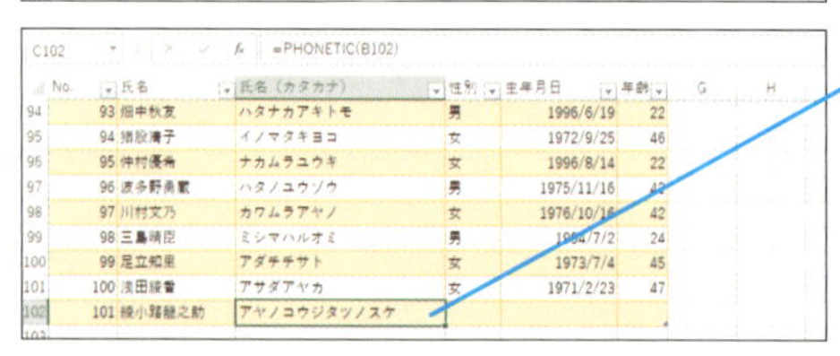

C102 =PHONETIC(B102)

	No.	氏名	氏名（カタカナ）	性別	生年月日	年齢
94	93	畑中秋友	ハタナカアキトモ	男	1996/6/19	22
95	94	猪股清子	イノマタキヨコ	女	1972/9/25	46
96	95	仲村優希	ナカムラユウキ	女	1996/8/14	22
97	96	波多野勇蔵	ハタノユウゾウ	男	1975/11/16	42
98	97	川村文乃	カワムラアヤノ	女	1976/10/16	42
99	98	三島晴臣	ミシマハルオミ	男	1994/7/2	24
100	99	足立知里	アダチチサト	女	1973/7/4	45
101	100	浅田綾香	アサダアヤカ	女	1971/2/23	47
102	101	綾小路龍之助	アヤノコウジタツノスケ			

関数がコピーされ、データが入力された

便利な組み合わせ　コピーしたデータや数式をすばやく編集

セル内のデータを編集する F2 ……………………………………P.84

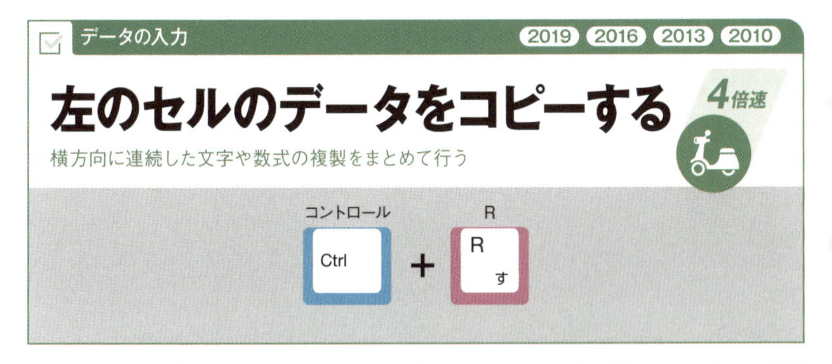

左にあるセルと同じデータを入力できます。行方向にセル範囲を選択している場合、範囲の一番左のセルのデータが範囲内のすべてのセルにコピーされます。

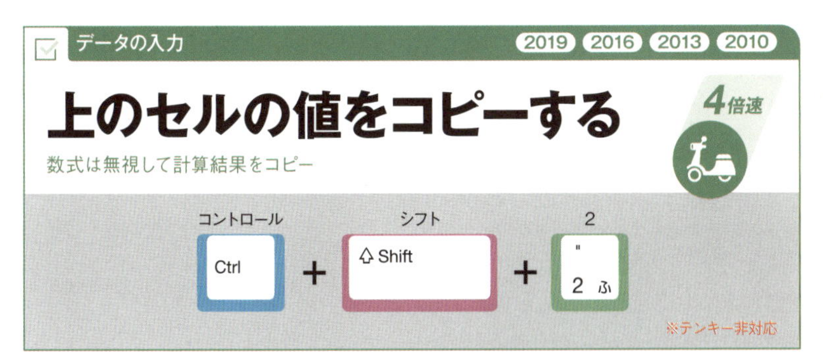

上にあるセルのデータを、値としてコピーします。コピー元のデータが数式であっても、数式ではなく計算結果の数値や文字が入力されます。

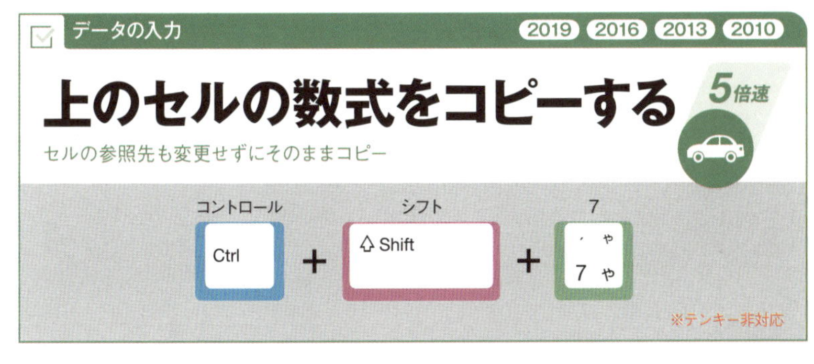

上にあるセルのデータが数式の場合、セルの参照先をそのままに数式をコピーします。Ctrl＋Dとは異なり、貼り付け先に合わせて参照先が変更されません。

Windows Word Excel PowerPoint Outlook Chrome Gmail Googleカレンダー

同じ列のデータをリストから入力する

4倍速

列内のデータを選んで繰り返し入力できる

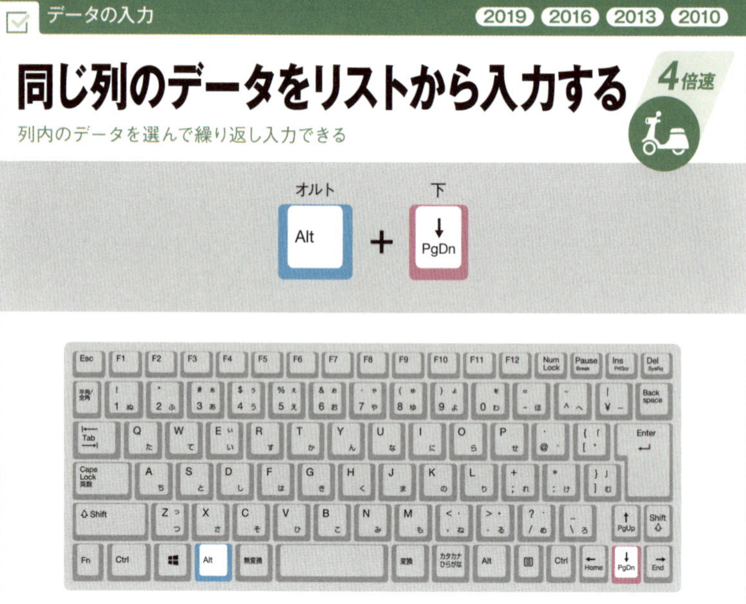

同じ列に入力されているデータをリストボックスとして表示します。↑↓で項目を選択してEnterを押すと、選択したデータが入力されます。

❶ Alt + ↓ を押す

同じ列に入力されているデータのリストが表示された

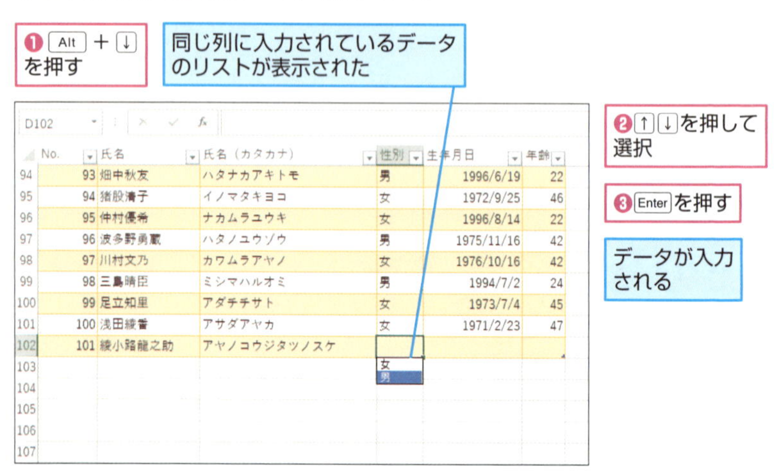

❷ ↑↓を押して選択

❸ Enterを押す

データが入力される

ポイント

- 選択しているセルとその上に隣接している一連のデータのみが表示されます。したがって、すぐ上のセルが空白セルの場合は動作しません。

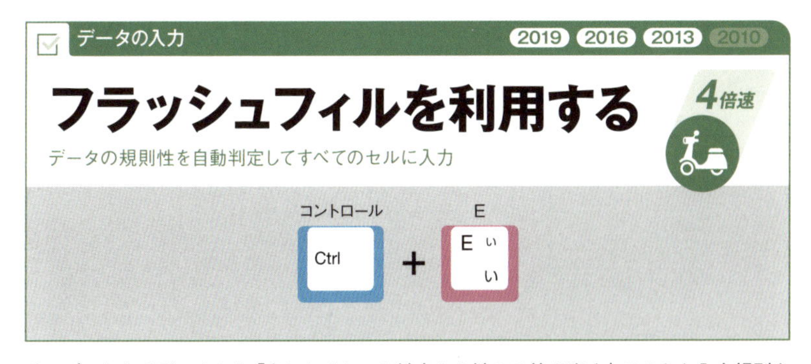

サンプルとなるデータから「左にあるセルの姓名から姓のみ抜き出す」のような入力規則を自動的に判定し、選択したセルに入力します。機械的な作業の省力化に有効です。

日付を数値として入力し、「2018/3/25」の表示形式を適用します。TODAY関数とは異なり、ファイルを開き直した場合などにワークシートが再計算されても更新されません。

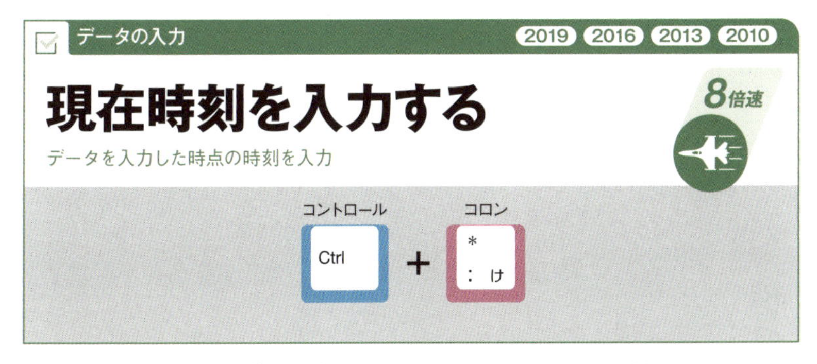

時刻を数値として入力し、「10:15」の表示形式を適用します。NOW関数とは異なり、ファイルを開き直した場合などにワークシートが再計算されても更新されません。

Windows
Word
Excel
PowerPoint
Outlook
Chrome
Gmail
Googleカレンダー

2019 2016 2013 2010

合計を入力する

オートSUMボタンと同様の操作をショートカットキーで

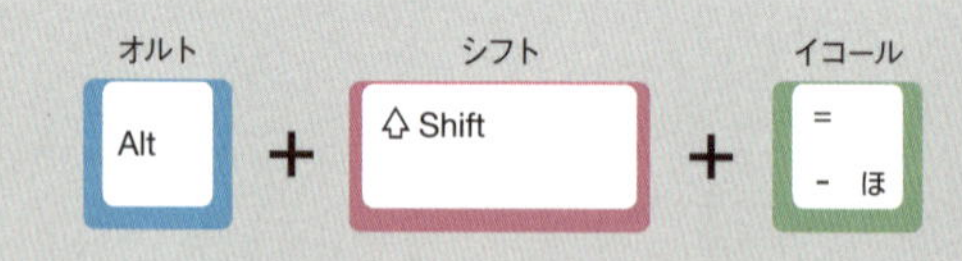

選択しているセルに隣接する数値のデータから自動的にセル範囲が選択され、SUM関数による合計が入力されます。あらかじめ選択しておいたセル範囲に入力することもできます。

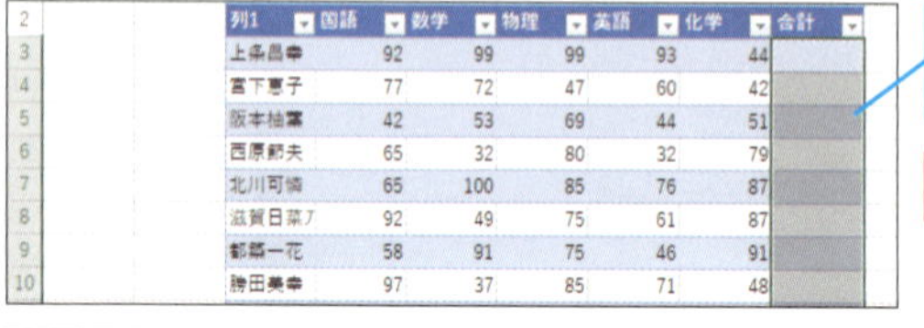

	列1	国語	数学	物理	英語	化学	合計
3	上条昌幸	92	99	99	93	44	
4	宮下恵子	77	72	47	60	42	
5	阪本柚葉	42	53	69	44	51	
6	西原節夫	65	32	80	32	79	
7	北川可憐	65	100	85	76	87	
8	滋賀日菜乃	92	49	75	61	87	
9	都築一花	58	91	75	46	91	
10	勝田美幸	97	37	85	71	48	

合計を入力したいセル範囲を選択しておく

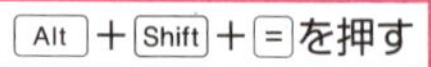

	列1	国語	数学	物理	英語	化学	合計
3	上条昌幸	92	99	99	93	44	427
4	宮下恵子	77	72	47	60	42	298
5	阪本柚葉	42	53	69	44	51	259
6	西原節夫	65	32	80	32	79	288
7	北川可憐	65	100	85	76	87	413
8	滋賀日菜乃	92	49	75	61	87	364
9	都築一花	58	91	75	46	91	361
10	勝田美幸	97	37	85	71	48	338

表内の数値の合計が入力された

便利な組み合わせ　合計を求めたセルの書式設定をまとめて変更

[セルの書式設定] を表示する Ctrl + 1 ……………… P.107

通貨の表示形式にする Ctrl + Shift + 4 ……………… P.109

セル範囲の名前を入力する

事前に定義したセル範囲の名前を一覧から選択

エフ3

F3

数式中で名前を挿入したい位置で押すと、[名前の貼り付け] ダイアログボックスを表示します。目的の名前を↑↓で選択し、Enterを押して決定します。

事前にセル範囲に名前を定義しておく

VLOOKUP関数の [範囲] に名前を指定する

❶[範囲] の入力中にF3を押す

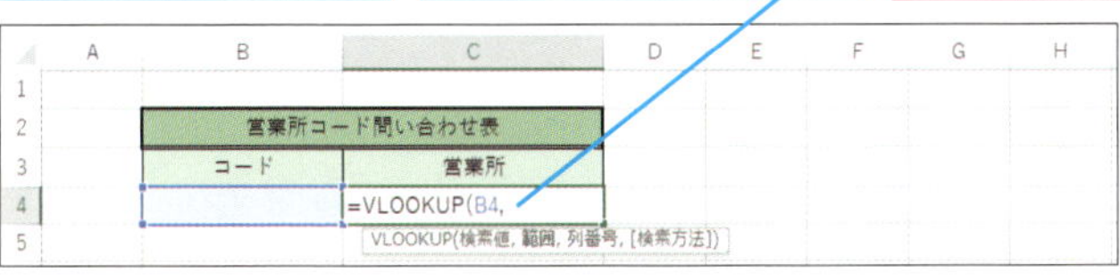

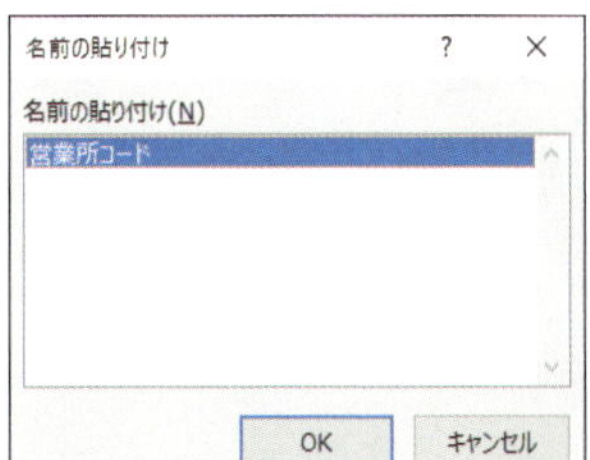

[名前の貼り付け] ダイアログボックスが表示された

❷Enterを押す

範囲に [営業所コード] が指定される

関連 選択範囲の名前を作成する Ctrl + Shift + F3 ………………… P.118
セル範囲の名前を管理する Ctrl + F3 ……………………………… P.119

セルを挿入する

データの追加や抜け、漏れの修正に

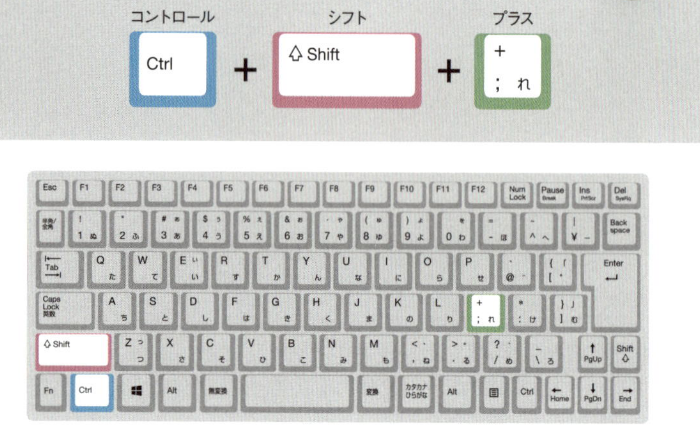

［セルの挿入］ダイアログボックスを表示します。セルの挿入後、既存のデータをどの方向に移動するかを指定しましょう。行または列単位で挿入することもできます。

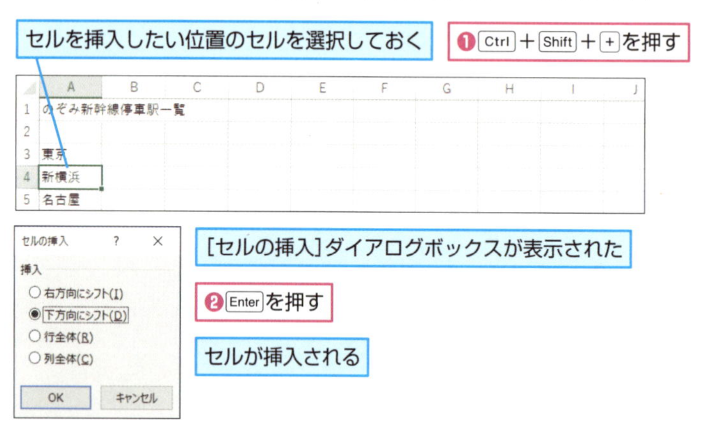

ポイント

- セルを切り取り、またはコピーした状態でこのショートカットキーを使うと、既存のデータは自動的に判別された方向に移動します。自動判別されず［挿入貼り付け］ダイアログボックスが表示された場合は、データを移動する方向を指定します。

セルを削除する

不要なデータを削除し、残ったデータの並びを整える

4倍速

[削除] ダイアログボックスを表示します。セルの削除後、既存のデータをどの方向に移動するかを指定しましょう。行または列単位で削除することもできます。

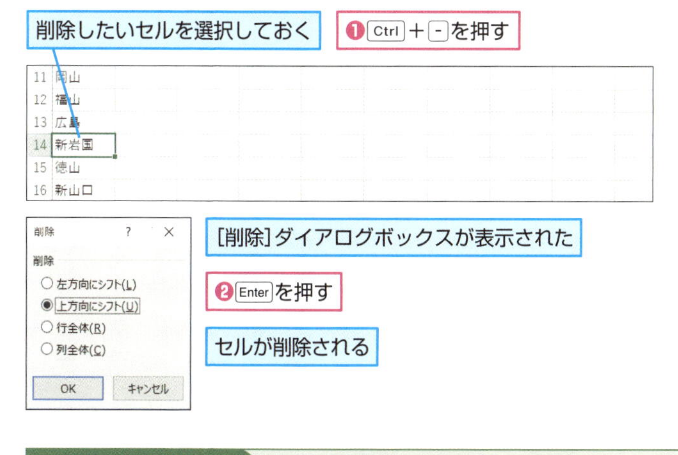

便利な組み合わせ セルの削除を何度も繰り返す

セルに対する操作を繰り返す F4 ……………………………… P.110

セルA1に移動する

どこからでもワークシートの先頭に戻る

※フルキーボードでは Fn 不要

ワークシートの一番左上にあるセルA1に移動します。表の先頭が表示されて内容が見やすくなるので、ほかの人にExcelファイルを渡す前に実行して保存しておくと親切です。

セルF102が選択されている

Ctrl + Home を押す

94	93	畑中秋[illegible]	ハタナカアキトモ	男	1996/6/19	22
95	94	猪股清子	イノマタキヨコ	女	1972/9/25	46
96	95	仲村優希	ナカムラユウキ	女	1996/8/14	22
97	96	波多野勇薫	ハタノユウソウ	男	1975/11/16	42
98	97	川村文乃	カワムラアヤノ	女	1976/10/16	42
99	98	三島晴臣	ミシマハルオミ	男	1994/7/2	24
100	99	足立知里	アダチチサト	女	1973/7/4	45
101	100	浅田綾香	アサダアヤカ	女	1971/2/23	47
102	101	綾小路龍之助	アヤノコウジタツノスケ	男	2000/12/24	18
103						

セルA1に移動した

	A	B	C	D	E	F	G	H
1	No.	氏名	氏名（カタカナ）	性別	生年月日	年齢		
2	1	古谷美佳	フルヤミカ	女	1966/9/7	52		
3	2	三木恒夫	ミキツネオ	男	1988/5/16	30		
4	3	奥村貴士	オクムラタカシ	男	1961/10/27	57		
5	4	瀬尾一子	セオイチコ	女	1980/7/26	38		
6	5	日下部由梨	クサカベユリ	女	1992/8/6	26		

ポイント

- ピボットテーブルを作成（P.113）したりフィルターを設定（P.116）したりする際は、このショートカットキーを使うと、見出しの行や列を確認しやすくなります。

表の最後のセルに移動する

どれだけ広い表でも末尾をすぐに確認できる

データが入力されている一番右の列と、一番下の行の交点となるセルに移動します。表の最後にあるデータを確認したいときなどに便利です。

セルA1が選択されている　Ctrl＋Endを押す

	A	B	C	D	E	F	G	H	I	J	K
1	クラス成績表										
2			列1	国語	数学	物理	英語	化学	合計		
3			上条昌幸	92	99	99	93	44	427		
4			宮下恵子	77	72	47	60	42	298		
5			阪本柚葉	42	53	69	44	51	259		
6			西原節夫	65	32	80	32	79	288		
7			北川可憐	65	100	85	76	87	413		

データが入力された最後のセルに移動した

	A	B	C	D	E	F	G	H	I	J	K
10			勝田美幸	97	37	85	71	48	338		
11			花井由実	98	56	54	43	89	340		
12			早川松男	70	63	88	45	97	363		
13			石村桜子	52	54	38	83	47	274		
14			大林裕次郎	89	67	42	91	84	373		

ポイント

- セルに書式が設定されている場合は空白セルでもデータが入力されていると判断されるので、思わぬセルに移動することがあります。余計な書式が設定されているセルがある場合は、その行または列全体を削除して上書き保存してから再度操作してみましょう。

表の端のセルに移動する

指定した方向の最初または最後のデータを表示

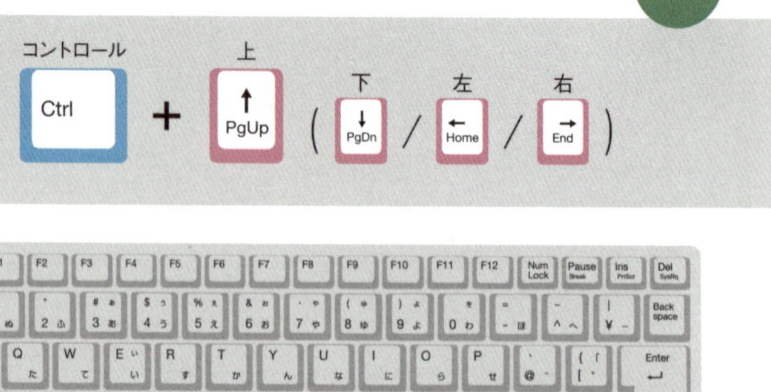

選択したセルから↑↓←→で指定した方向に向かって、データが入力されている端のセルに移動します。途中で空白セルがあると、その手前のセルで止まります。

表内の同じ行にある右端のセルに移動する　Ctrl＋→を押す

	A	B	C	D	E	F	G	H	I	J	K	L	M
1	東京都の月ごとの平均気温												
2													
3	最高／最低	1月	2月	3月	4月	5月	6月	7月	8月	9月	10月	11月	12月
4	最高気温平均	10	10	13	19	23	26	29	31	27	22	17	12
5	最低気温平均	2	2	5	10	15	19	23	24	21	15	9	4
6													
7													

移動は空白セルの手前で止まる　右端のセルに移動できた

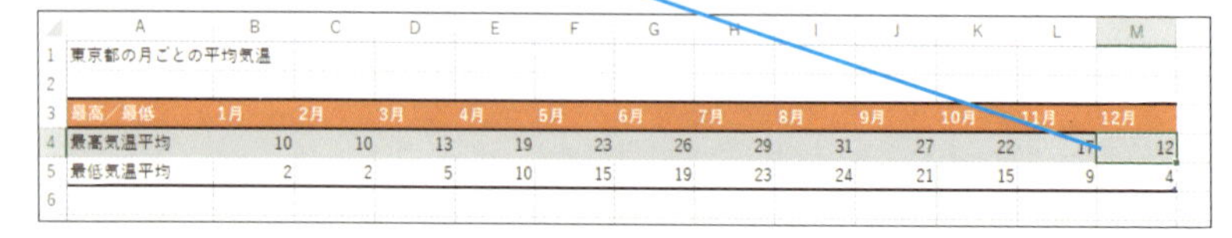

	A	B	C	D	E	F	G	H	I	J	K	L	M
1	東京都の月ごとの平均気温												
2													
3	最高／最低	1月	2月	3月	4月	5月	6月	7月	8月	9月	10月	11月	12月
4	最高気温平均	10	10	13	19	23	26	29	31	27	22	17	12
5	最低気温平均	2	2	5	10	15	19	23	24	21	15	9	4
6													

ポイント

- 押した方向に空白セルしかないときにCtrl＋←→を押すとA列またはワークシートの最終列、Ctrl＋↑↓を押すと1行目またはワークシートの最終行まで移動します。

指定したセルに移動する

セル番号を指定して直接カーソルを移動

4倍速

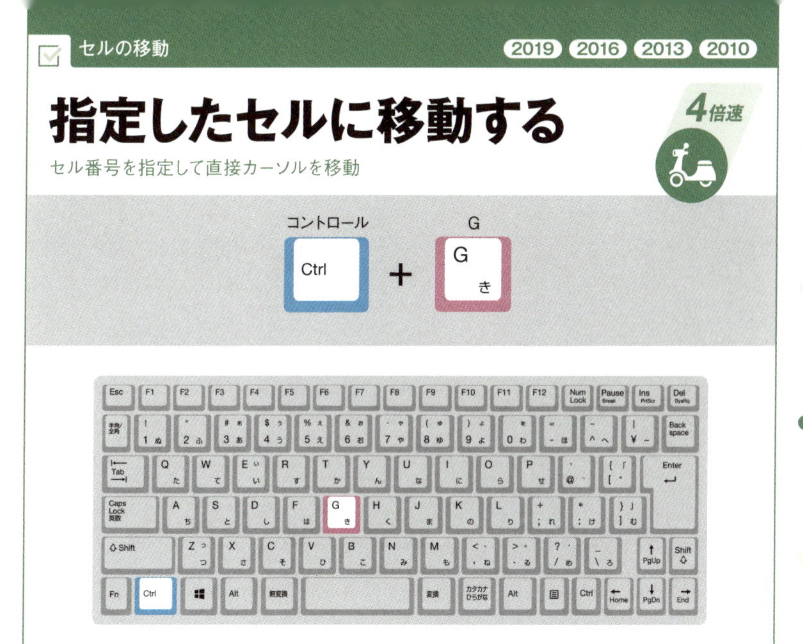

[ジャンプ] ダイアログボックスを表示します。移動したいセル番号を入力して Enter を押すと、そのセルに移動します。名前を定義したセルも指定できます。

セルG20に移動する
❶ Ctrl + G を押す

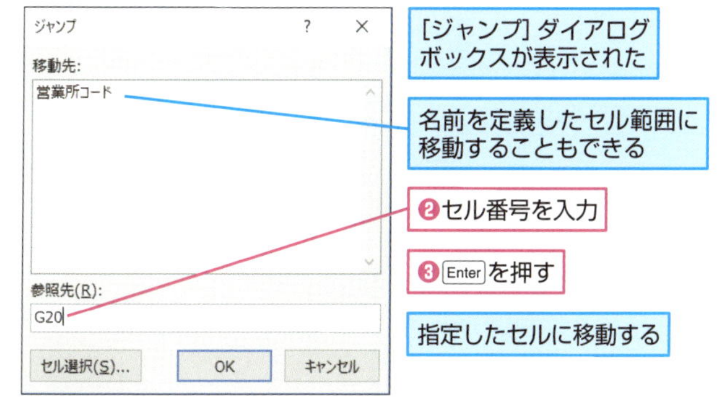

ポイント

- [ジャンプ] ダイアログボックスを表示した状態で Alt + S を押すと [選択オプション] ダイアログボックスが表示され、コメントが入力されたセルや空白セル、条件付き書式が設定されたセルなどを選択できます。

一連のデータを選択する

表の中で特定の行や列だけを選択できる

端のセルに移動する[Ctrl]+[↑][↓][←][→]（P.96）と同時に[Shift]を押しておくことで、連続してデータが入力されている範囲を選択できます。

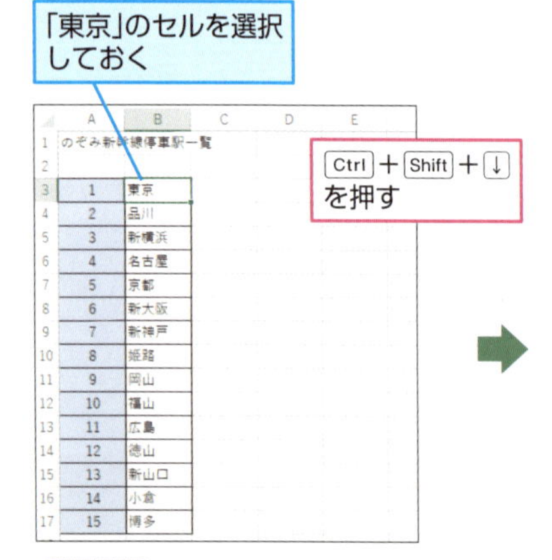

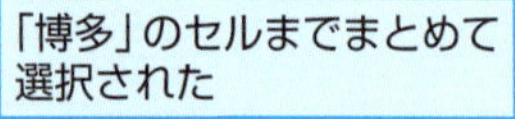

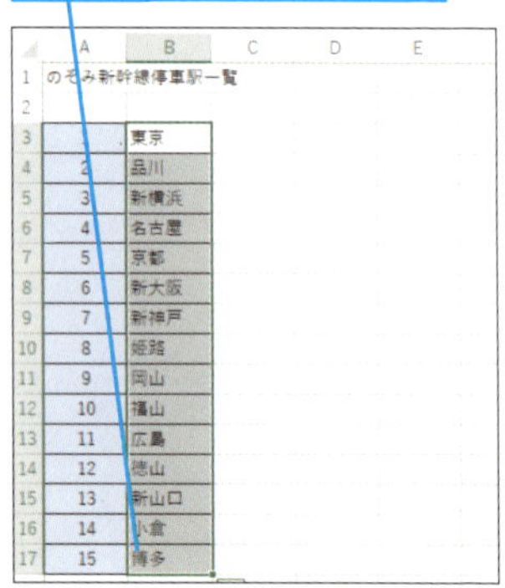

ポイント

- 次のページで解説する[Ctrl]+[Shift]+[:]で表全体をうまく選択できない場合は、表の角のセルを選択した状態で[Ctrl]+[Shift]+[↑][↓][←][→]を必要な回数だけ押せば、目的の範囲を選択できます。

表全体を選択する

マウスのドラッグよりも圧倒的に速く選択可能

4倍速
コントロール
Ctrl
シフト
Shift
コロン
*
: け

選択しているセルを含む、表の領域全体を選択します。複数のセルを選択するショートカットキーや、マウスをドラッグして選択する方法よりもすばやく、瞬時に選択できます。

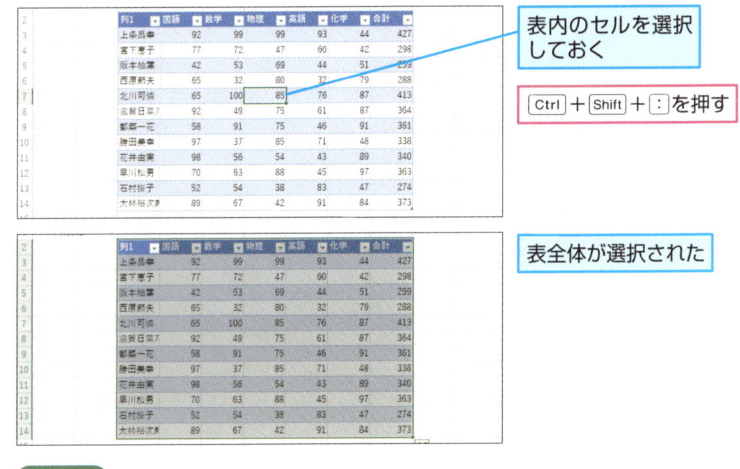
表内のセルを選択しておく
Ctrl + Shift + : を押す
表全体が選択された

列1	国語	数学	物理	英語	化学	合計
上条昌幸	92	99	99	93	44	427
宮下恵子	77	72	47	60	42	298
阪本柚葉	42	53	69	44	51	259
西原郁夫	65	32	80	32	79	288
北川可憐	65	100	85	76	87	413
滋賀日菜ア	92	49	75	61	87	364
都築一花	58	91	75	46	91	361
勝田美幸	97	37	85	71	48	338
花井由実	98	56	54	43	89	340
早川松男	70	63	88	45	97	363
石村桜子	52	54	38	83	47	274
大林裕次郎	89	67	42	91	84	373

ポイント

- 表のタイトルや欄外の計算式が表に隣接したセルに入力されていると、そのセルも選択範囲に含まれてしまうことがあります。

「選択範囲に追加」モードにする

2倍速

通常では追加できない離れた場所のセルを範囲に追加

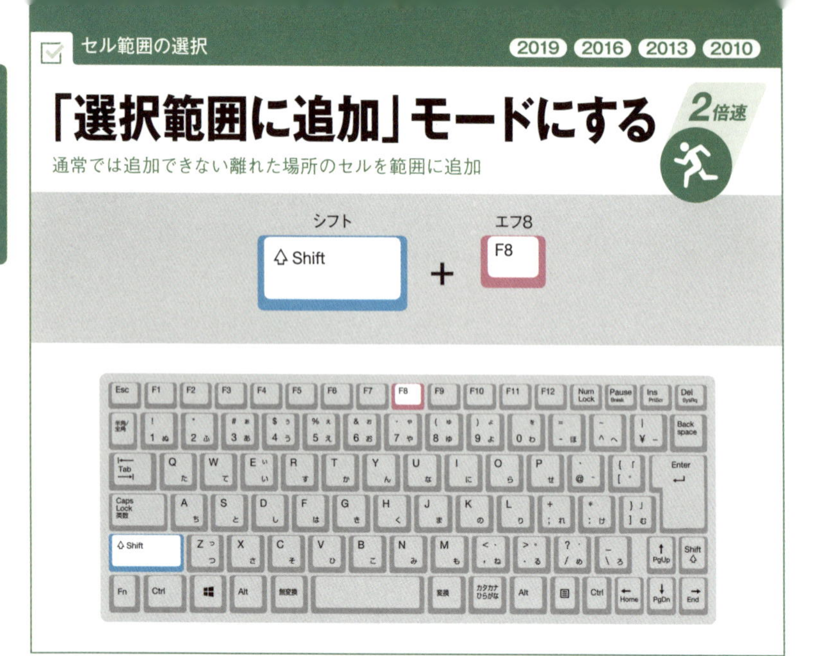

選択していたセル範囲に、別のセル範囲を選択して追加できる「選択範囲に追加」モードに切り替えます。複数の範囲のデータを使ってグラフを作成したいときなどに利用します。

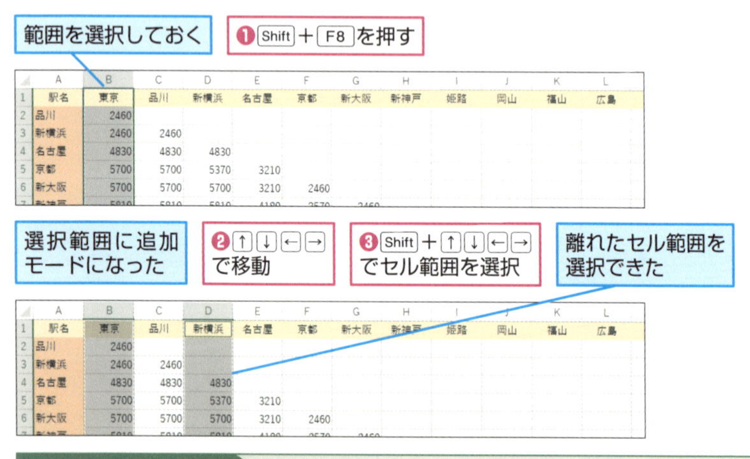

便利な組み合わせ 選択範囲をすぐにグラフ化

グラフを作成する Alt ＋ F1 ……………… P.114

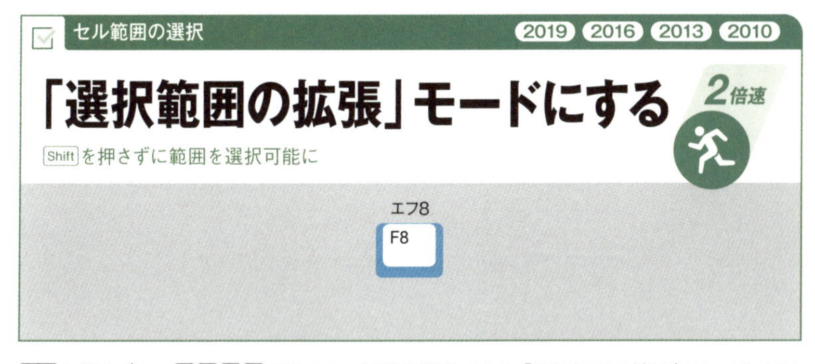

Shift を押さずに、↑↓←→だけでセル範囲を選択できる「選択範囲の拡張」モードに切り替えます。再度 F8 を押すと解除できます。

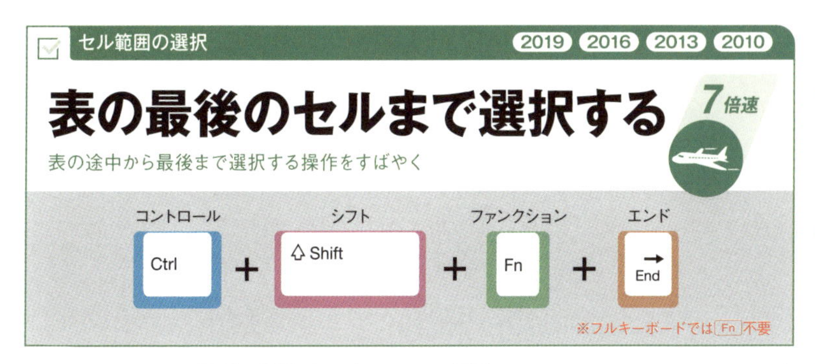

表の最後に移動する Ctrl + End （P.95）と同時に Shift を押すと、選択しているセルから表の最後までのセル範囲を選択できます。

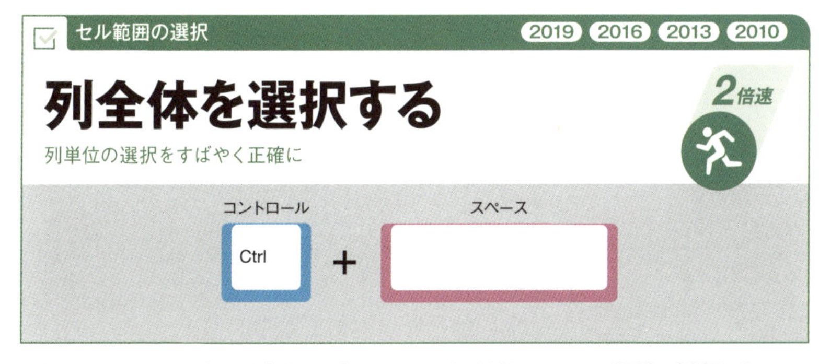

選択しているセルを含む列全体を選択します。列を選択したあとに Shift +←→を押すと、隣接する列へと選択範囲を拡張できます。

行全体を選択する

2倍速

行を削除したり非表示にしたりする操作をスピーディーに

シフト
Shift
＋
スペース

選択しているセルを含む行全体を選択します。行を選択したあとにShift＋↑↓を押すと、隣接する行を選択できます。標準の設定では、日本語入力がオンの場合は使えません。

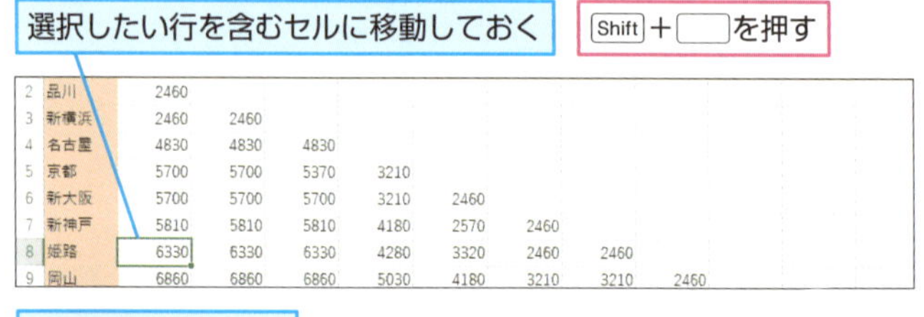

選択したい行を含むセルに移動しておく
Shift＋スペースを押す

行全体が選択された

2	品川	2460							
3	新横浜	2460	2460						
4	名古屋	4830	4830	4830					
5	京都	5700	5700	5370	3210				
6	新大阪	5700	5700	5700	3210	2460			
7	新神戸	5810	5810	5810	4180	2570	2460		
8	姫路	6330	6330	6330	4280	3320	2460	2460	
9	岡山	6860	6860	6860	5030	4180	3210	3210	2460

便利な組み合わせ　選択した行をまとめて削除

セルを削除する Ctrl ＋ - ……………………………P.93

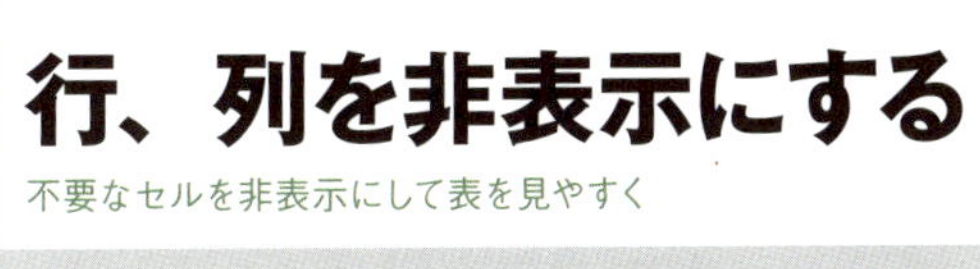

行、列を非表示にする

不要なセルを非表示にして表を見やすく

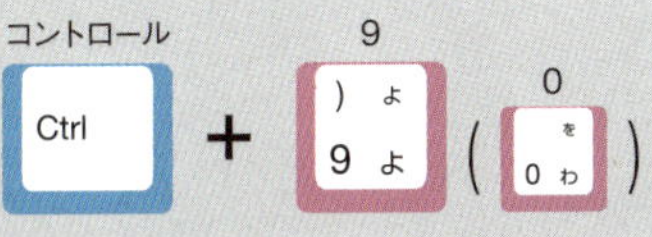

※テンキー非対応

Ctrl＋9で選択したセルを含む行、Ctrl＋0では列を非表示にします。複数のセルを選択していると、それらのセルを含む行や列がすべて非表示になります。

非表示にしたい行を選択しておく

Ctrl＋9を押す

	A	B	C	D	E	F	G	H	I	J
1	駅名	東京	品川	新横浜	名古屋	京都	新大阪	新神戸	姫路	岡山
2	品川	2460								
3	新横浜	2460	2460							
4	名古屋	4830	4830	4830						
5	京都	5700	5700	5370	3210					
6	新大阪	5700	5700	5700	3210	2460				

選択した行が非表示になった

	A	B	C	D	E	F	G	H	I	J
1	駅名	東京	品川	新横浜	名古屋	京都	新大阪	新神戸	姫路	岡山
4	名古屋	4830	4830	4830						
5	京都	5700	5700	5370	3210					
6	新大阪	5700	5700	5700	3210	2460				
7	新神戸	5810	5810	5810	4180	2570	2460			
8	姫路	6330	6330	6330	4280	3320	2460	2460		

ポイント

- 非表示にした行を含むセルを選択してCtrl＋Shift＋9を押すと、行を再表示できます。同様にCtrl＋Shift＋0を押すと列を再表示できます。ただし、キーボードの設定によっては使えないことがあります。

外枠罫線を引く

外周だけに罫線を引き、データを区切る

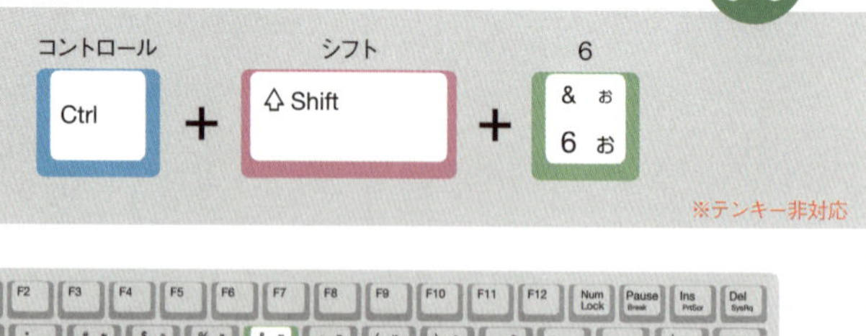

※テンキー非対応

選択しているセル、またはセル範囲の外側の四辺に、細い実線の罫線を引きます。

外枠罫線を引きたいセル範囲を選択しておく

Ctrl + Shift + 6 を押す

12	早川松男	70	63	88	45	97	363
13	石村桜子	52	54	38	83	47	274
14	大林裕次郎	89	67	42	91	84	373
15							
16	平均点	75	64	70	62	71	
17							
18							

外枠罫線が引かれた

12	早川松男	70	63	88	45	97	363
13	石村桜子	52	54	38	83	47	274
14	大林裕次郎	89	67	42	91	84	373
15							
16	平均点	75	64	70	62	71	
17							
18							

ポイント

- Alt → H → B の順に押すと、［ホーム］タブにある［罫線］のリストが表示されます。このときに A を押すと、外枠と内側の罫線（格子）を引きます。

罫線を削除する

4倍速

不要な罫線があるセルを選択しておき、まとめて削除

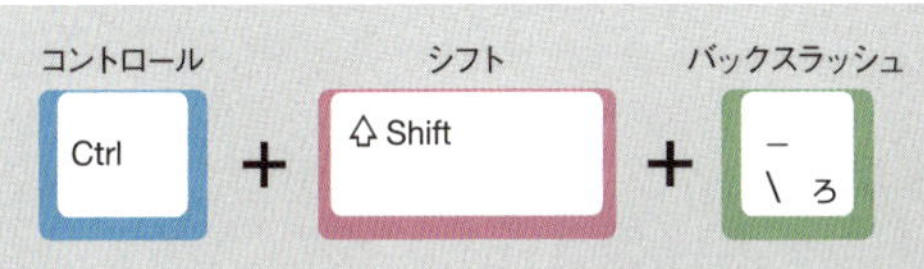

選択しているセル、またはセル範囲の罫線を削除します。データや塗りつぶしはそのまま残ります。表を削除したあとに残った罫線を消したいときなどに便利です。

罫線を削除したいセル範囲を選択しておく

Ctrl ＋ Shift ＋ \ を押す

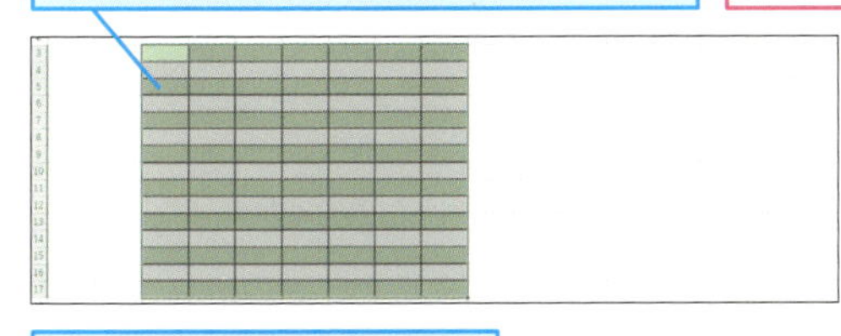

セル範囲の罫線が削除された

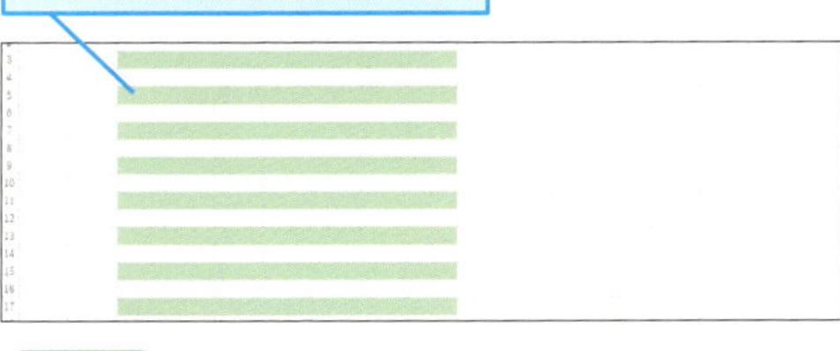

ポイント

- 表を削除したあとに残ったセルの塗りつぶしを消去したい場合は、Alt→H→H→Nの順に押します。

文字の書式
2019 2016 2013 2010
文字に取り消し線を引く
文字を削除せず、そのデータが無効であることを明示
6倍速
コントロール
Ctrl
5
% え
5 え
※テンキー非対応

選択しているセル、またはセル範囲に入力されたデータに取り消し線を引きます。

取り消し線を引きたいセルを選択しておく

Ctrl＋5を押す

40	39	佐竹芳太郎	サタケヨシタロウ	男	1983/9/28	35
41	40	長岡莉乃	ナガオカリノ	女	1971/10/17	47
42	41	秋本真弓	アキモトマユミ	女	1980/6/17	38
43	42	大矢喜久男	オオヤキクオ	男	1981/9/21	37
44	43	沖田輝	オキタヒカル	男	1966/11/4	51
45	44	西島和義	ニシジマカズヨシ	男	1985/2/21	33
46	45	森下利吉	モリシタリキチ	男	1988/5/9	30
47	46	前原肇	マエハラハジメ	男	1964/10/6	54

選択したセル内の文字に取り消し線が引かれた

40	39	佐竹芳太郎	サタケヨシタロウ	男	1983/9/28	35
41	40	長岡莉乃	ナガオカリノ	女	1971/10/17	47
42	41	秋本真弓	アキモトマユミ	女	1980/6/17	38
43	~~42~~	~~大矢喜久男~~	~~オオヤキクオ~~	~~男~~	~~1981/9/21~~	~~37~~
44	43	沖田輝	オキタヒカル	男	1966/11/4	51
45	44	西島和義	ニシジマカズヨシ	男	1985/2/21	33
46	45	森下利吉	モリシタリキチ	男	1988/5/9	30

ポイント

- 太字、斜体、下線の書式は、それぞれWordと同じショートカットキーであるCtrl＋B、Ctrl＋I、Ctrl＋Uで設定できます。

セルの書式設定を表示する

表示形式や文字の配置、フォント、罫線などをまとめて設定

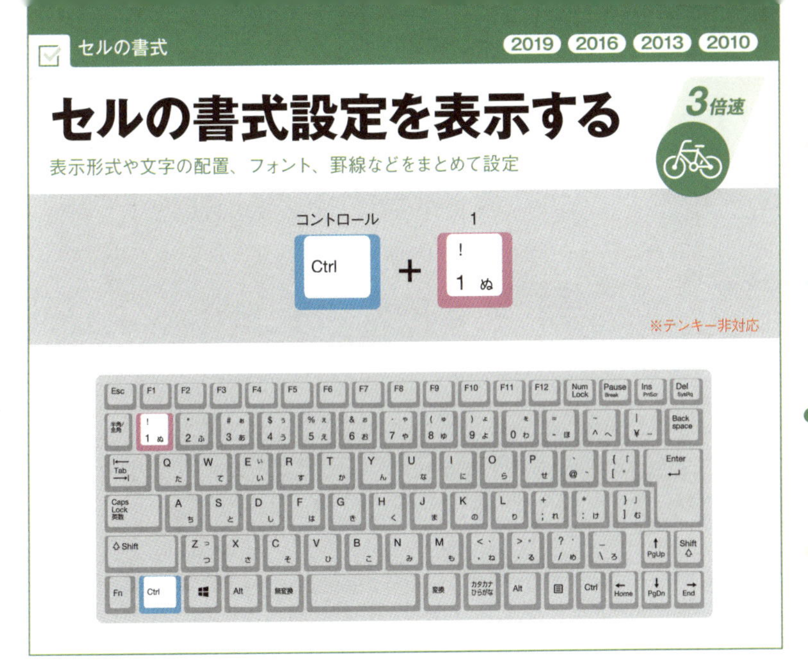
3倍速
コントロール
Ctrl
1
! 1 ぬ
※テンキー非対応

セルの表示形式やセル内での文字の配置、フォントの種類やスタイル、サイズなどを設定できる[セルの書式設定]ダイアログボックスを表示します。

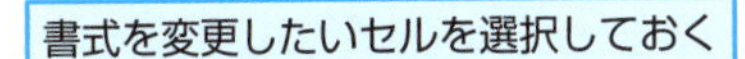

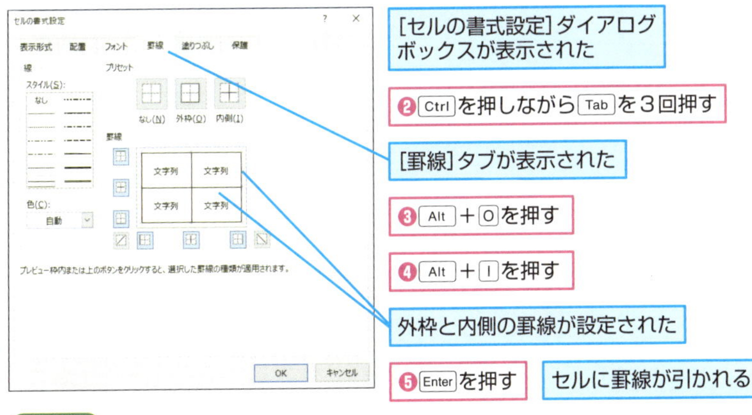
書式を変更したいセルを選択しておく
❶ Ctrl + 1 を押す
[セルの書式設定]ダイアログボックスが表示された
❷ Ctrl を押しながら Tab を3回押す
[罫線]タブが表示された
❸ Alt + O を押す
❹ Alt + I を押す
外枠と内側の罫線が設定された
❺ Enter を押す
セルに罫線が引かれる
セルの書式設定
表示形式
配置
フォント
罫線
塗りつぶし
保護
線
スタイル(S):
なし
プリセット
なし(N)
外枠(O)
内側(I)
罫線
文字列
色(C):
自動
プレビュー枠内または上のボタンをクリックすると、選択した罫線の種類が適用されます。
OK
キャンセル

ポイント

● 上の例のように、[外枠] [内側] の右側に表示されているアルファベットに対応したキーを Alt と同時に押すと、罫線の設定を変更できます。

パーセント（%）の表示形式にする

2倍速

小数をパーセンテージにして比率をわかりやすく

コントロール Ctrl ＋ シフト Shift ＋ 5 %5

※テンキー非対応

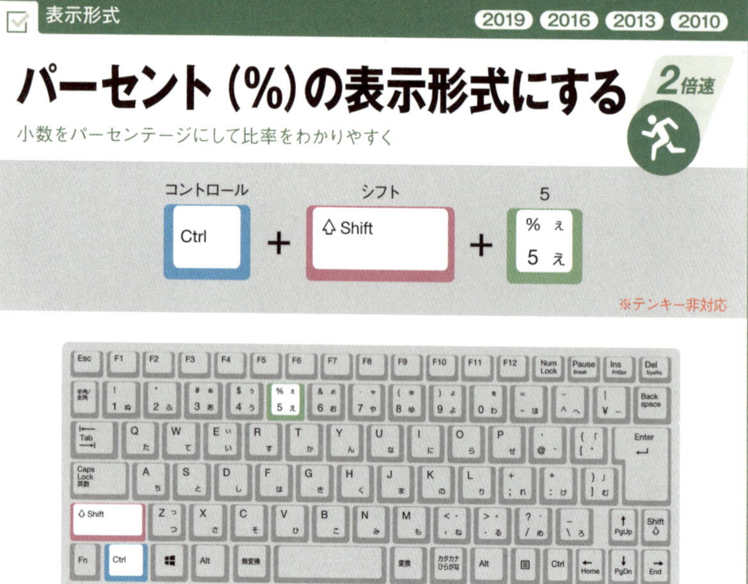

選択しているセル、またはセル範囲に入力された数値の表示形式を［パーセンテージ］にします。表内の比率を表すデータなどで活用できます。

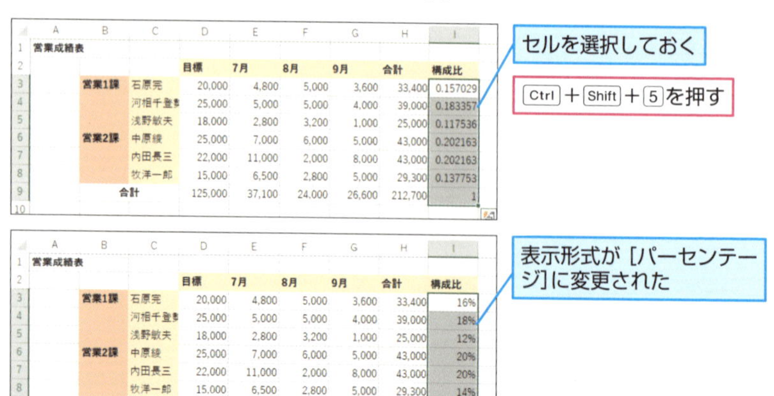

	A	B	C	D	E	F	G	H	I
1	営業成績表								
2				目標	7月	8月	9月	合計	構成比
3		営業1課	石原完	20,000	4,800	5,000	3,600	33,400	0.157029
4			河相千登勢	25,000	5,000	5,000	4,000	39,000	0.183357
5			浅野敏夫	18,000	2,800	3,200	1,000	25,000	0.117536
6		営業2課	中原綾	25,000	7,000	6,000	5,000	43,000	0.202163
7			内田長三	22,000	11,000	2,000	8,000	43,000	0.202163
8			牧洋一郎	15,000	6,500	2,800	5,000	29,300	0.137753
9			合計	125,000	37,100	24,000	26,600	212,700	1
10									

セルを選択しておく

Ctrl ＋ Shift ＋ 5 を押す

	A	B	C	D	E	F	G	H	I
1	営業成績表								
2				目標	7月	8月	9月	合計	構成比
3		営業1課	石原完	20,000	4,800	5,000	3,600	33,400	16%
4			河相千登勢	25,000	5,000	5,000	4,000	39,000	18%
5			浅野敏夫	18,000	2,800	3,200	1,000	25,000	12%
6		営業2課	中原綾	25,000	7,000	6,000	5,000	43,000	20%
7			内田長三	22,000	11,000	2,000	8,000	43,000	20%
8			牧洋一郎	15,000	6,500	2,800	5,000	29,300	14%
9			合計	125,000	37,100	24,000	26,600	212,700	100%
10									

表示形式が［パーセンテージ］に変更された

ポイント

- 表示形式の一覧からパーセント表示を選択したい場合は、セルを選択した状態で Alt → H → N の順に押すと、［ホーム］タブにある［表示形式］が選択されます。↓ を押して表示形式を選択し、Enter で確定します。

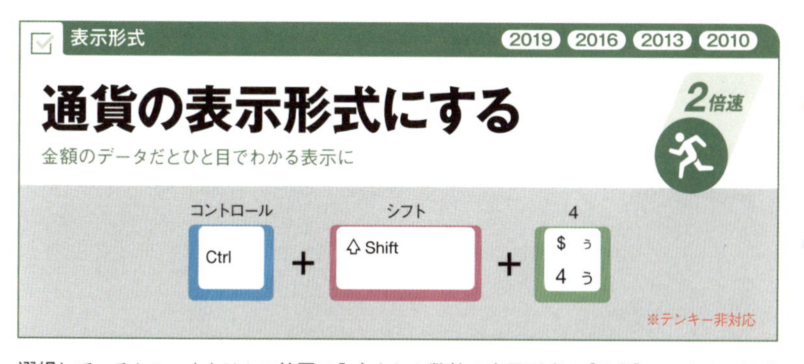

表示形式
2019
2016
2013
2010
通貨の表示形式にする
金額のデータだとひと目でわかる表示に
2倍速
コントロール
シフト
4
Ctrl
+
Shift
+
$ う
4 う
※テンキー非対応

選択しているセル、またはセル範囲に入力された数値の表示形式を［通貨］にします。請求書などの書類を作成するときに便利です。

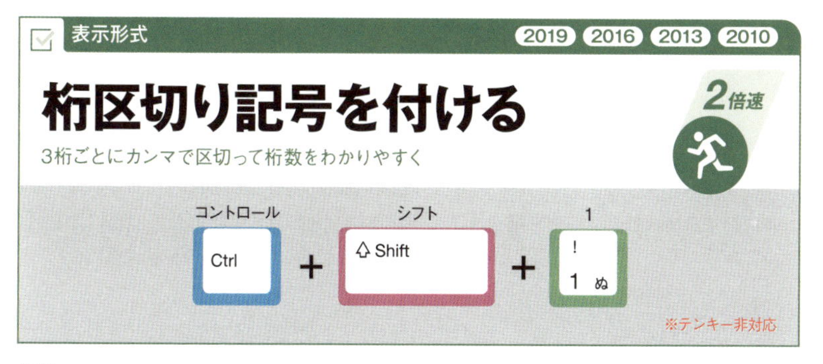

表示形式
2019
2016
2013
2010
桁区切り記号を付ける
3桁ごとにカンマで区切って桁数をわかりやすく
2倍速
コントロール
シフト
1
Ctrl
+
Shift
+
!
1 ぬ
※テンキー非対応

選択しているセル、またはセル範囲に入力された数値に、桁区切り記号「,」を追加します。

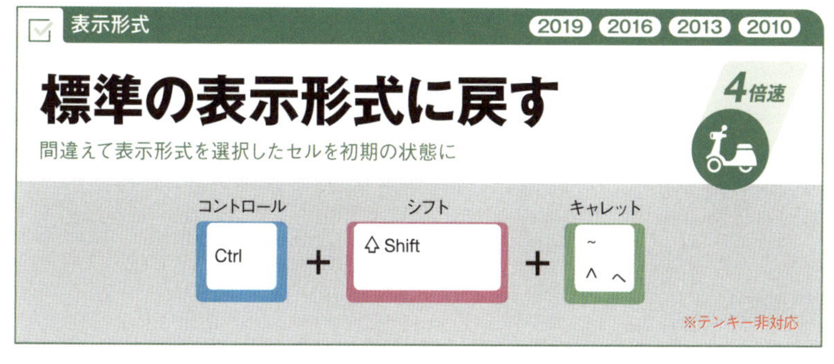

表示形式
2019
2016
2013
2010
標準の表示形式に戻す
間違えて表示形式を選択したセルを初期の状態に
4倍速
コントロール
シフト
キャレット
Ctrl
+
Shift
+
~
^ へ
※テンキー非対応

選択しているセル、またはセル範囲に設定された表示形式を［標準］にします。

Windows
Word
Excel
PowerPoint
Outlook
Chrome
Gmail
Googleカレンダー

セルに対する操作を繰り返す

7倍速

複数のセル範囲への書式設定などを効率的に

エフ4
F4

セルに対する書式設定、結合、挿入などの操作を別のセルで繰り返します。例えば、あるセルに塗りつぶしを設定し、別のセルでF4を押すと、同じ色で塗りつぶせます。

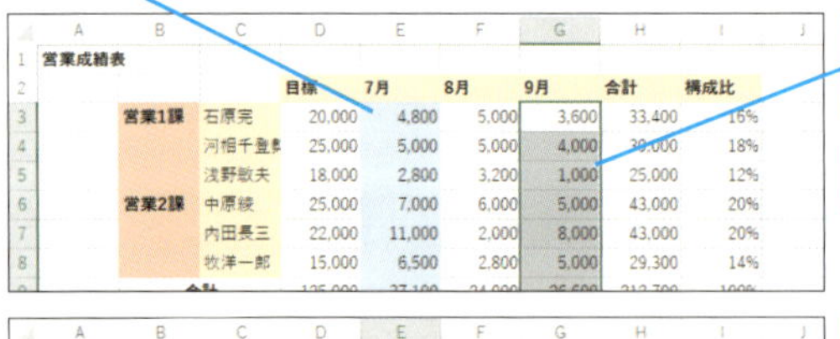

直前にセルE3～E9を塗りつぶしておく
同じ操作をしたいセルG3～G9を選択しておく
F4を押す

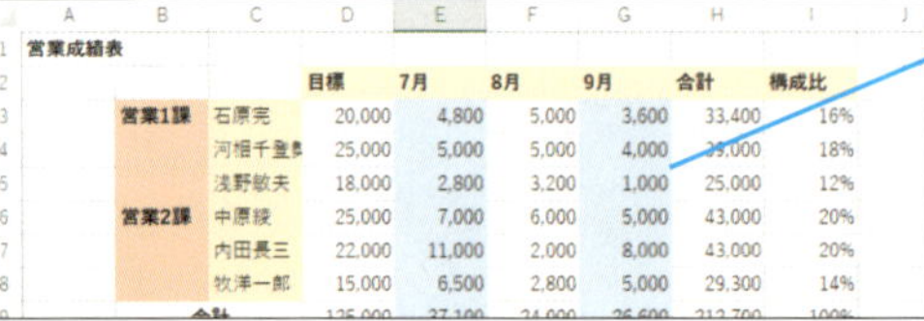

セルG3～G9が同じ色で塗りつぶされた

ポイント

- このショートカットキーは、WordやPowerPointでも同様に利用できます。一方、WordやPowerPointにある書式のコピーと貼り付け（P.78～79）のショートカットキーはExcelでは使えませんが、F4で代用できます。

セルの数式を表示する

ワークシート全体に入力した数式をまとめて確認

入力された数式そのものをセルに表示します。数式バーでは選択したセルの数式しか見られませんが、この方法では、すべての数式を確認でき、ワークシート全体をチェックするときに適しています。

Ctrl ＋ Shift ＋ @ を押す

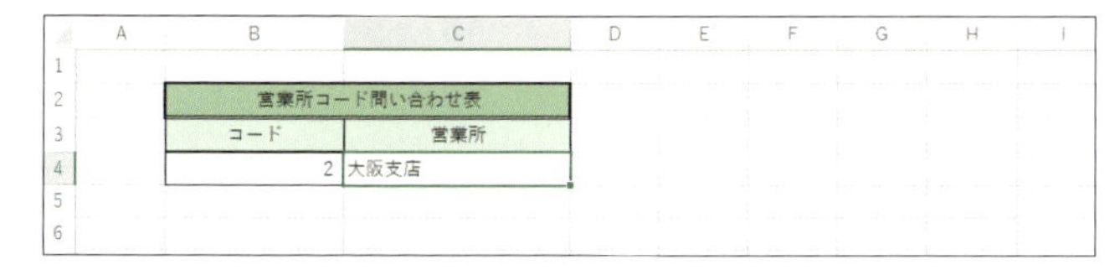

セルの内容が数式で表示された

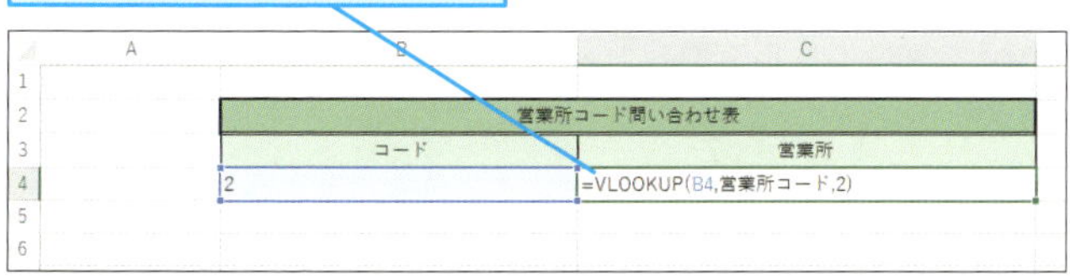

ポイント

- 再度 Ctrl ＋ Shift ＋ @ を押すと、通常の状態に戻ります。このショートカットキーを使うと、数式に合わせて列の幅が自動的に調整されます。

表をテーブルに変換する

自動で表を見やすくし、絞り込みも容易に

4倍速

選択しているセルを含む表、または選択したセル範囲をテーブルに変換します。見やすく調整され、データの絞り込みに役立つ「フィルター」が自動的に設定されます。

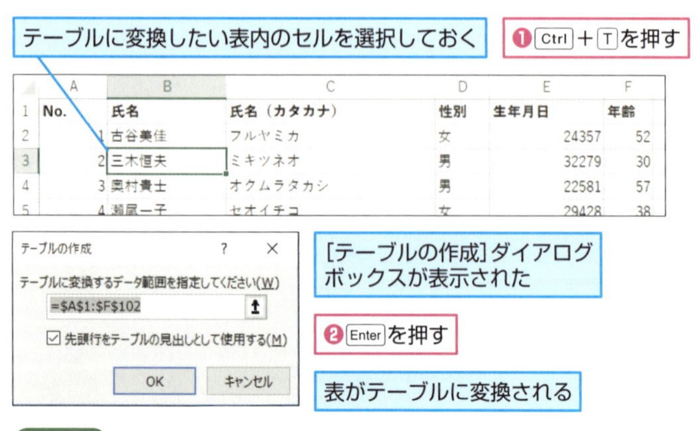

ポイント

- 作成したテーブルのデザインを変更したい場合は、テーブル内のセルを選択して Alt → J → T → S の順に押すと、[テーブルスタイル]の一覧が表示されます。
- テーブルにした範囲を通常のセルに戻したい場合は、テーブル内のセルを選択して Alt → J → T → G の順に押すと、[範囲に変換]を実行できます。

ピボットテーブルを作成する
データの集計や分析に適した表「ピボットテーブル」を新しく作る
4倍速
オルト
N
V
Alt
N
み
V
ひ

[ピボットテーブルの作成] ダイアログボックスを表示します。正しいセル範囲が選択されていることを確認して Enter を押すと、新しいシートにピボットテーブルが作成されます。

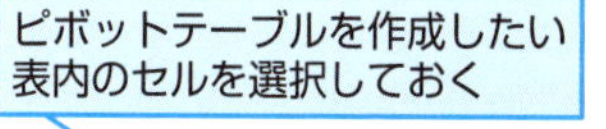

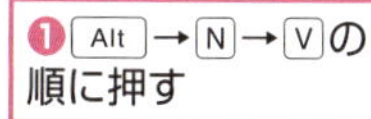

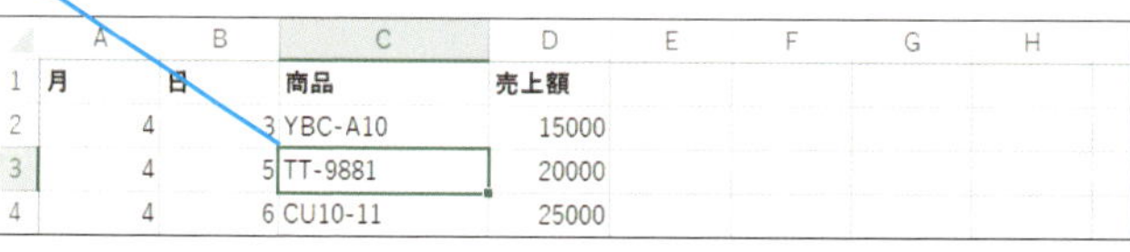

	A	B	C	D	E	F	G	H
1	月	日	商品	売上額				
2	4	3	YBC-A10	15000				
3	4	5	TT-9881	20000				
4	4	6	CU10-11	25000				

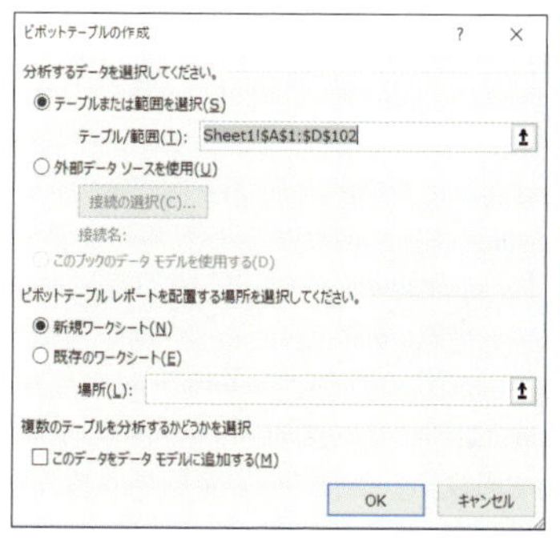

[ピボットテーブルの作成] ダイアログボックスが表示された

❷ Enter を押す

新しいシートにピボットテーブルが作成される

グラフを作成する

選択したデータから集合縦棒グラフを作る

4倍速
オルト
Alt
+
エフ1
F1

選択しているセルを含む表、または選択したセル範囲に含まれるデータからグラフを作成します。F11を押すと、新たに作成された[グラフシート]にグラフが配置されます。

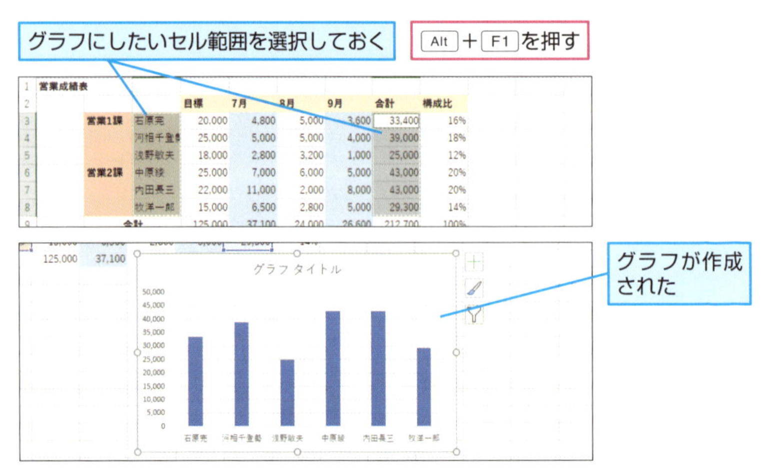
グラフにしたいセル範囲を選択しておく
Alt＋F1を押す
グラフが作成された
グラフ タイトル

1	営業成績表							
2			目標	7月	8月	9月	合計	構成比
3	営業1課	石原亮	20,000	4,800	5,000	3,600	33,400	16%
4		河相千登勢	25,000	5,000	5,000	4,000	39,000	18%
5		浅野敏夫	18,000	2,800	3,200	1,000	25,000	12%
6	営業2課	中原綾	25,000	7,000	6,000	5,000	43,000	20%
7		内田長三	22,000	11,000	2,000	8,000	43,000	20%
8		牧洋一郎	15,000	6,500	2,800	5,000	29,300	14%
9	合計		125,000	37,100	24,000	26,600	212,700	100%

ポイント

- グラフを選択してAlt→J→C→Cの順に押すと［グラフの種類の変更］ダイアログボックスが表示され、グラフの種類を変更できます。

クイック分析を使う

条件付き書式やグラフなど、データ分析に使う機能をすばやく選択

クイック分析ツールを表示します。Tabと↑↓←→で項目を選択し、Enterで確定します。

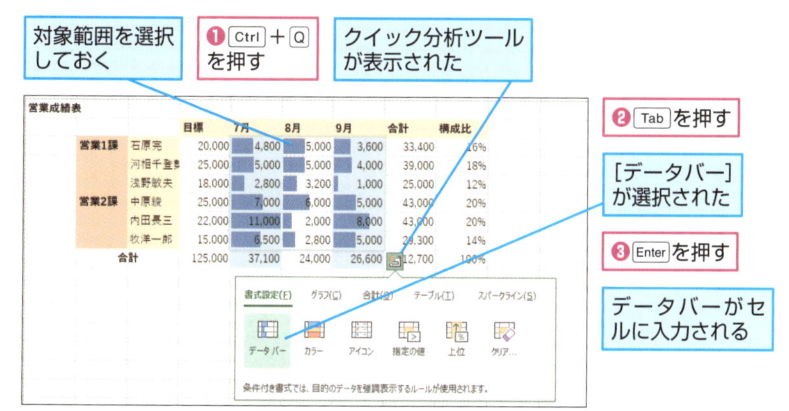

ポイント

- クイック分析ツールは、データ分析でよく使う機能をまとめたものです。[書式設定]では条件付き書式の設定、[グラフ]では各種グラフの作成、[合計]では集計の計算、[テーブル]では表のテーブルへの変換(P.112)とピボットテーブルの作成(P.113)、[スパークライン]では[挿入]タブにあるスパークラインを挿入できます。

フィルターを設定する

表にデータの並べ替えや抽出ができる機能を追加

選択しているセルを含む表、またはセル範囲の見出し行のセルにフィルターを設定します。見出し行からフィルターのメニューを表示し、並べ替えや抽出ができます。

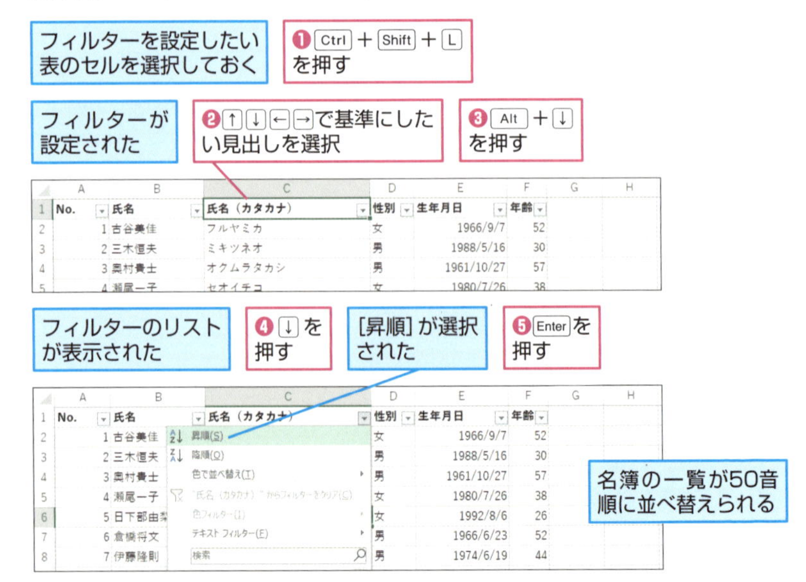

行、列をグループ化する

必要に応じて行や列をまとめて折りたためるように

選択した行や列をグループ化します。グループ化を解除したいときは、セル範囲を選択して[Alt]+[Shift]+[←]を押します。

[Alt]+[Shift]+[→]を押す

	A	B	C	D	E	F	G	H	I	J	K
1	No	名前	国語	化学	英語	物理	数学	世界史	日本史	合計	
2	1	桑山 翔平	39	17	35	20	100	16	75	302	
3	2	柳本 謙	92	28	71	42	78	85	35	431	
4	3	豊永 研	40	88	94	29	24	28	71	374	

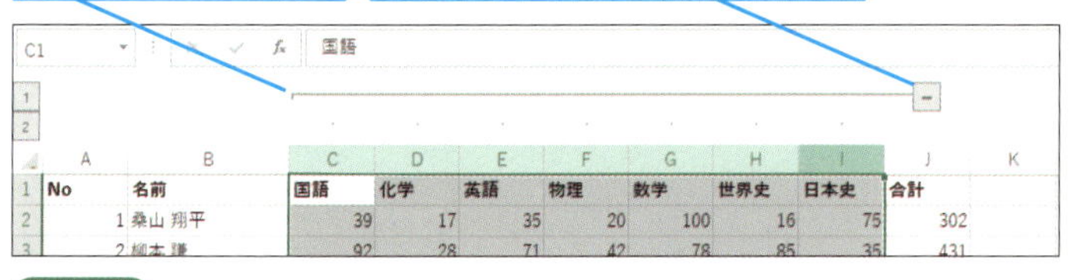

ポイント

- グループ化された範囲内のセルを選択して[Alt]→[A]→[H]の順に押すと、レベルの低いグループから折りたたまれます。[Alt]→[A]→[J]の順に押すと、折りたたまれたグループが展開されます。

選択範囲の名前を作成する

4倍速

まとまったデータに名前を定義して参照を簡単に

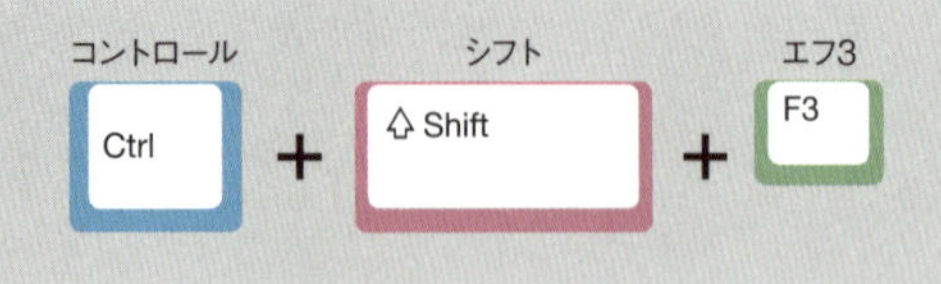

選択しているセル範囲に名前を付ける［選択範囲から名前を作成］ダイアログボックスを表示します。名前は選択した範囲の上端や左端のデータを使用します。

セルE3～E8のデータをセルE2の「7月」という名前で定義する

名前を作成したい範囲を選択しておく

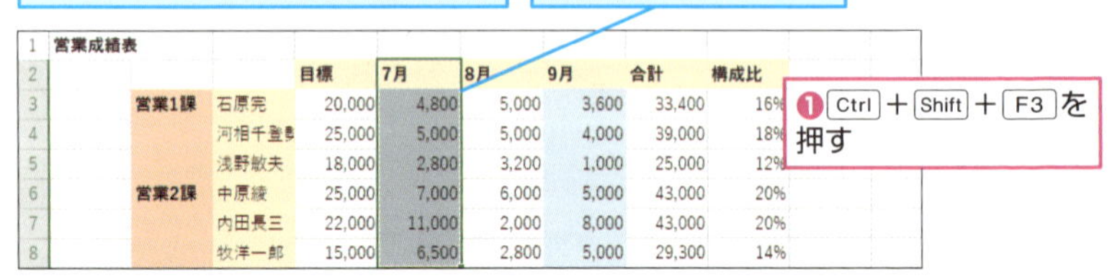

			目標	7月	8月	9月	合計	構成比
1	営業成績表							
2			目標	7月	8月	9月	合計	構成比
3	営業1課	石原完	20,000	4,800	5,000	3,600	33,400	16%
4		河相千登勢	25,000	5,000	5,000	4,000	39,000	18%
5		浅野敏夫	18,000	2,800	3,200	1,000	25,000	12%
6	営業2課	中原綾	25,000	7,000	6,000	5,000	43,000	20%
7		内田長三	22,000	11,000	2,000	8,000	43,000	20%
8		牧洋一郎	15,000	6,500	2,800	5,000	29,300	14%

❶ Ctrl ＋ Shift ＋ F3 を押す

［選択範囲から名前を作成］ダイアログボックスが表示された

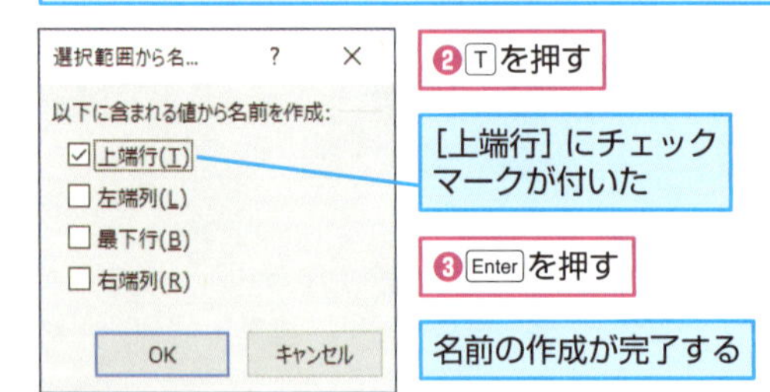

❷ T を押す

［上端行］にチェックマークが付いた

❸ Enter を押す

名前の作成が完了する

セル範囲の名前を管理する

新規の作成や名前の変更、コメントの追加が可能

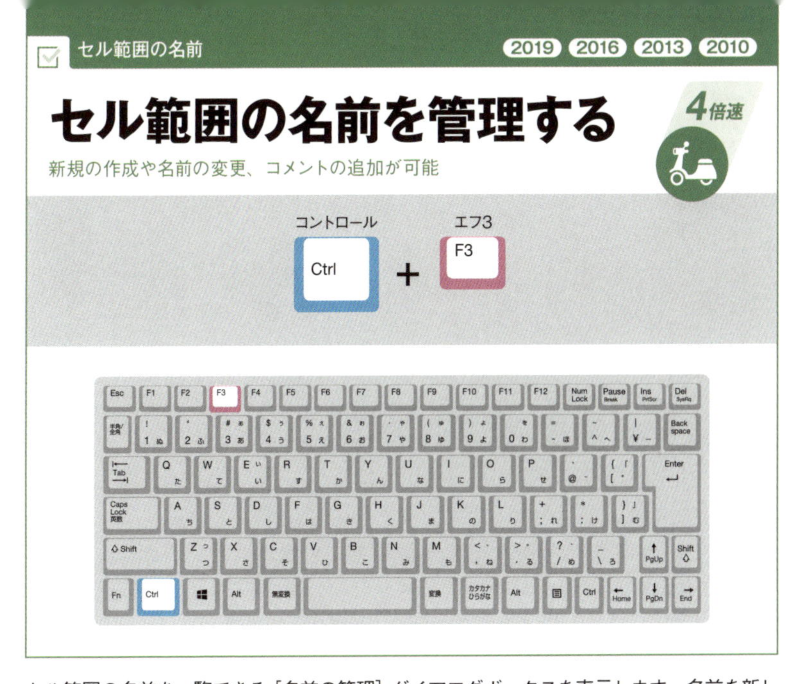

セル範囲の名前を一覧できる［名前の管理］ダイアログボックスを表示します。名前を新しく作成したい場合は Alt ＋ N 、編集したい場合は名前を選択して Alt ＋ E を押します。

定義済みの名前にコメントを入力する

❶ Ctrl ＋ F3 を押す

［名前の管理］ダイアログボックスが表示された

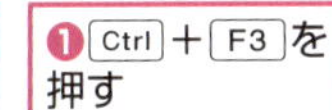

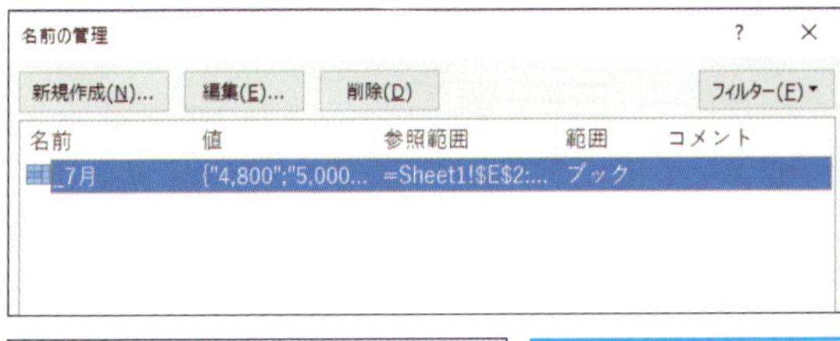

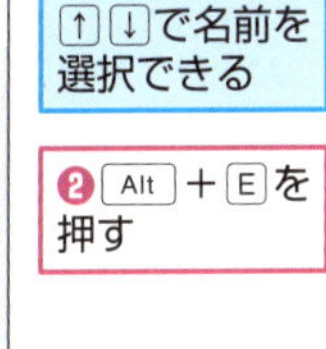

↑ ↓ で名前を選択できる
❷ Alt ＋ E を押す

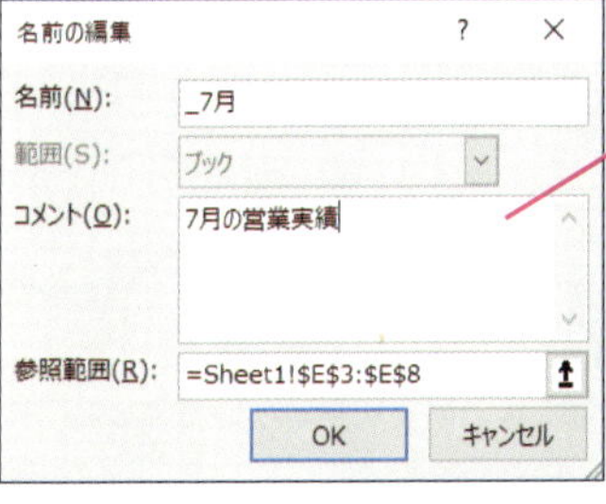

［名前の編集］が表示された

❸コメントを入力

❹ Enter を押す

編集が完了し［名前の管理］に戻る

データを検索、置換する

4倍速

目的のデータをすばやく検索して別のデータに置き換える

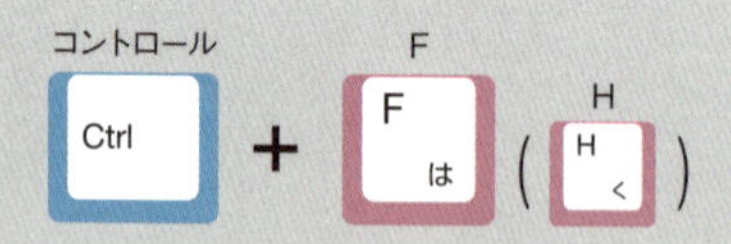

[検索と置換] ダイアログボックスを表示します。特定のデータを含むセルを探したい場合は[Ctrl]+[F]で検索、データの内容を置き換えるには[Ctrl]+[H]を押します。

❶[Ctrl]+[F]を押す

[検索と置換] ダイアログボックスの[検索]タブが表示された

[Alt]+[P]を押すと [置換] タブに切り替わる

検索と置換

検索(D) 置換(P)

検索する文字列(N): 浅野

オプション(T) >>

すべて検索(I) 次を検索(F) 閉じる

❷キーワードを入力

❸[Enter]を押す

キーワードを含むセルが順番に選択される

ポイント

- [検索と置換] ダイアログボックスを表示して[Alt]+[I]を押すと、キーワードを含むセルを一覧表示できます。その状態で[Ctrl]+[A] (P.23) を押すと、検索結果のすべてのセルを選択できます。同じデータが入力されたセルの色をまとめて変更したいときなどに役立ちます。

コメントを挿入する

セルに対して注釈や修正点などのメモを追加

選択しているセルに、シート外にメモを記録できる「コメント」を挿入します。コメントを入力して Esc を押すと、コメントの入力が完了します。

コメントを挿入したいセルを選択しておく

❶ Shift ＋ F2 を押す

1	営業成績表								
2				目標	7月	8月	9月	合計	構成比
3		営業1課	石原完	20,000	4,800	5,000	3,600	33,400	16%
4			河相千登	25,000	5,000	5,000	4,000	39,000	18%
5			浅野敏夫	18,000	2,800	3,200	1,000	25,000	12%

コメントが挿入された

❷コメントの内容を入力

❸ Esc を押す

コメントの入力が完了する

1	営業成績表								
2				目標	7月	8月	9月	合計	構成比
3		営業1課	石原完	20,000	4,800			33,400	16%
4			河相千登	25,000	5,000			39,000	18%
5			浅野敏夫	18,000	2,800			25,000	12%
6		営業2課	中原綾	25,000	7,000	6,000	5,000	43,000	20%

川添貴生:
修正前の金額

ポイント

● Alt → R → A の順に押すと、すべてのコメントの表示／非表示が切り替わります。コメントを挿入したセルを選択して Alt → R → D の順に押すと、そのセルのコメントを削除できます。

コメントがあるセルを選択する

7倍速

すべてのコメントの確認や削除が簡単に

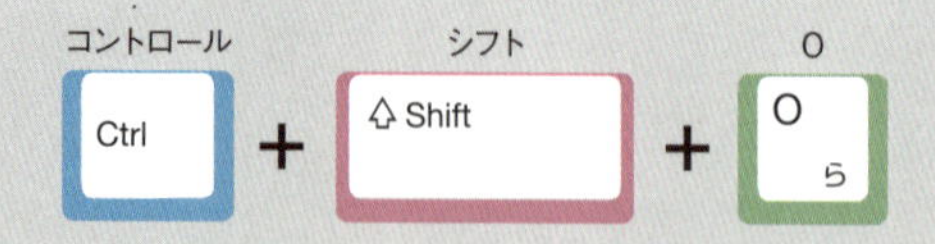

コメントが挿入されているすべてのセルを選択します。選択したあとでEnterを押すと、セルを順番に移動できます。

Ctrl＋Shift＋Oを押す

営業成績表							
		目標	7月	8月	9月	合計	構成比
営業1課	石原完	20,000	4,800	5,000	3,600	33,400	16%
	河相千登	25,000	5,000	5,000	4,000	39,000	18%
	浅野敏夫	18,000	2,800	3,200	1,000	25,000	12%
営業2課	中原綾	25,000	7,000	6,000	5,000	43,000	20%
	内田長三	22,000	11,000	2,000	8,000	43,000	20%
	牧洋一郎	15,000	6,500	2,800	5,000	29,300	14%
合計		125,000	37,100	24,000	26,600	212,700	100%

コメントがあるセルがすべて選択された

Enterを押すと、コメントが挿入されているセルを順番に移動できる

営業成績表							
		目標	7月	8月	9月	合計	構成比
営業1課	石原完	20,000	4,800	5,000	3,600	33,400	16%
	河相千登	25,000	5,000	5,000	4,000	39,000	18%
	浅野敏夫	18,000	2,800	3,200	1,000	25,000	12%
営業2課	中原綾	25,000	7,000	6,000	5,000	43,000	20%
	内田長三	22,000	11,000	2,000	8,000	43,000	20%
	牧洋一郎	15,000	6,500	2,800	5,000	29,300	14%
合計		125,000	37,100	24,000	26,600	212,700	100%

関連 コメントを挿入する Shift ＋ F2 …………………… P.121

特定の行や列を表示したままスクロールできる［ウィンドウ枠の固定］を設定します。選択したセルより上と左にあるセルが常に表示されるようになり、再度押すと解除できます。

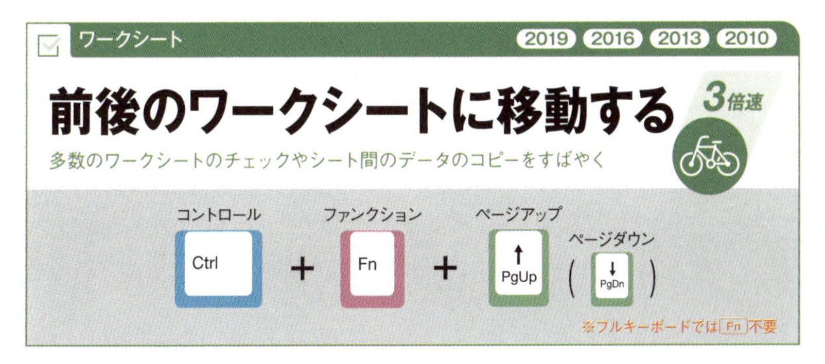

Ctrl＋Page Upを押すと1つ左、Ctrl＋Page Downを押すと1つ右のワークシートに移動します。

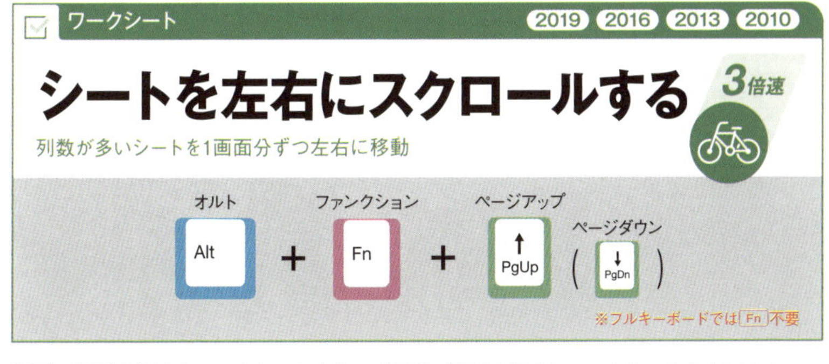

Alt＋Page Upを押すとワークシートを左に、Alt＋Page Downを押すとワークシートを右にスクロールします。選択しているセルもスクロールに合わせて移動します。

Windows
Word
Excel
PowerPoint
Outlook
Chrome
Gmail
Googleカレンダー

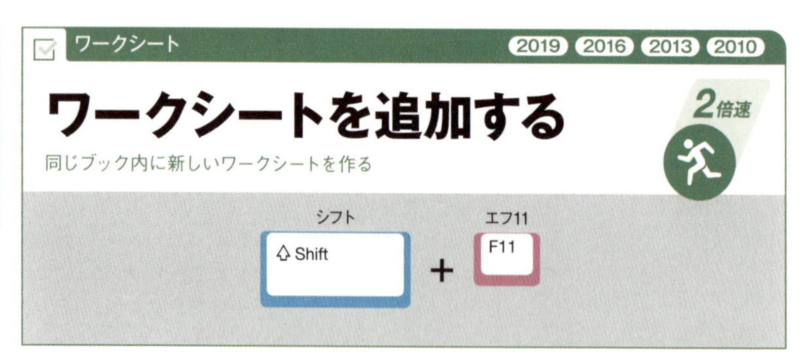

新しいワークシートのタブが、現在表示しているワークシートのタブの左側に配置されます。関連するデータの新しい表を作りたいときに使用します。

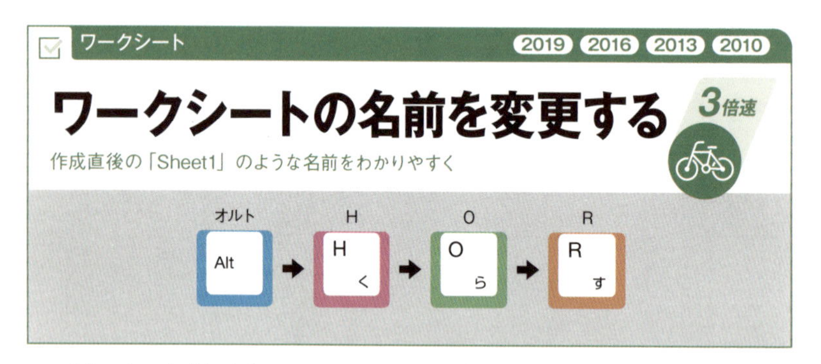

ワークシートのタブをダブルクリックしたときと同様に、名前を編集可能にします。Shift＋F11に続けて押すことで、追加したワークシートにすぐ名前を付けられます。

表示しているワークシートを削除します。ワークシート内にデータがある場合は、確認のダイアログボックスが表示されます。この操作は元に戻せないので注意しましょう。

PowerPoint編

次のプレースホルダーに移動する

2倍速

スライド作成をスピードアップする必須ワザ

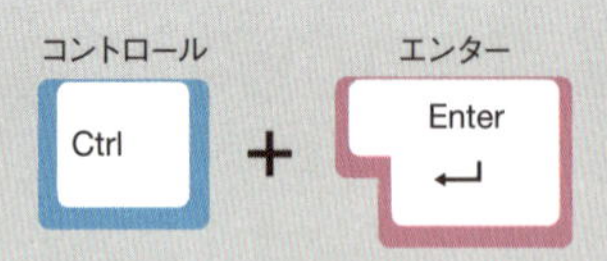

編集中のプレースホルダーから次のプレースホルダーに移動します。スライド内の最後のプレースホルダーでこのショートカットキーを押すと、新しいスライドが作成されます。

タイトルに続けてサブタイトルを入力する　Ctrl + Enter を押す

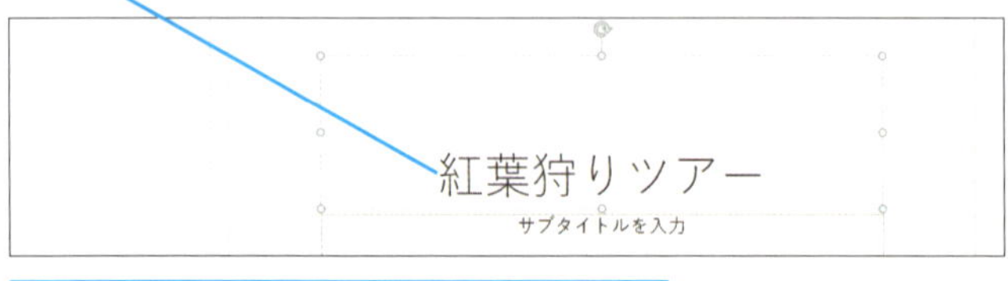

カーソルが次のプレースホルダーに移動した

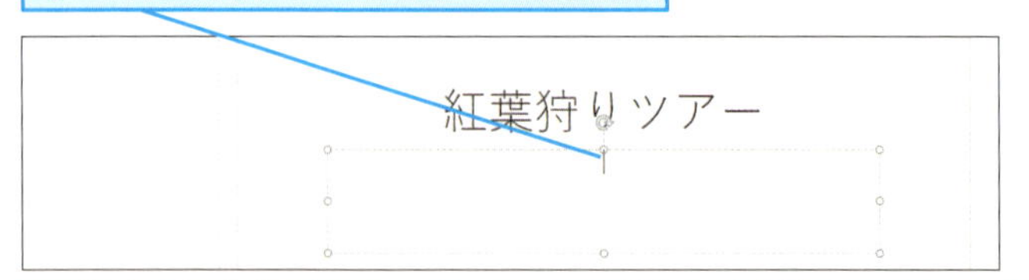

便利な組み合わせ　サブタイトルや作成者名を右揃えに

文字を右揃えにする Ctrl + R ……………… P.69

新しいスライドを追加する

新規スライドを作成し、すぐに文字を入力可能

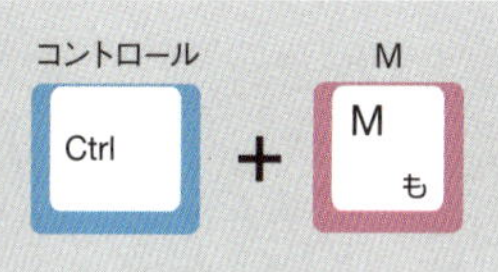

編集しているスライドの次に、新しいスライドを追加します。続けて文字を入力すると、追加したスライドの最初のプレースホルダーに文字が入力されます。

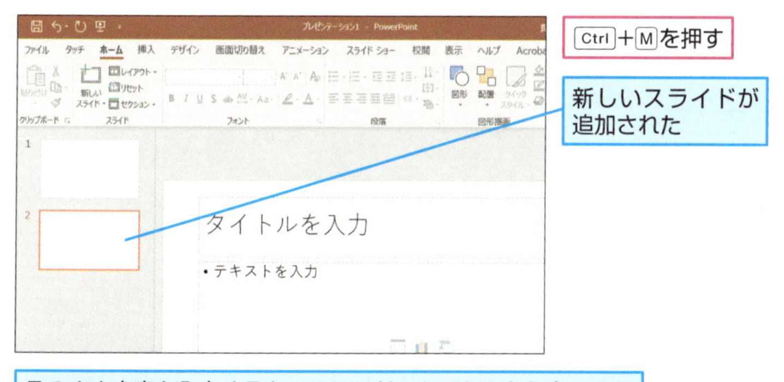

そのまま文字を入力すると、スライドのタイトルを入力できる

便利な組み合わせ　追加したスライドを別のレイアウトに

スライドのレイアウトを変更する Alt → H → L → 1 …… P.128

関連 スライドやオブジェクトを複製する Ctrl + D …………………… P.129

スライドのレイアウトを変更する

3倍速

タイトル用、コンテンツ用など最適なレイアウトを選択

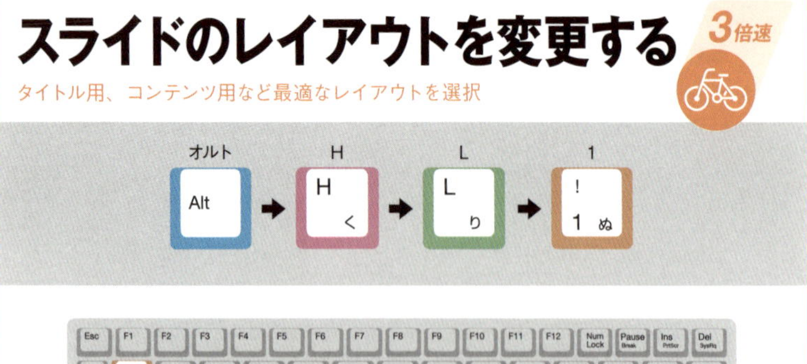

[ホーム] タブにある [レイアウト] の一覧を表示します。↑↓←→を押し、目的のレイアウトを選択してEnterを押すと、スライドのレイアウトが変更されます。複数のスライドを選択した状態なら、選択したすべてのスライドのレイアウトが変更されます。

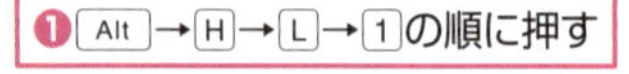

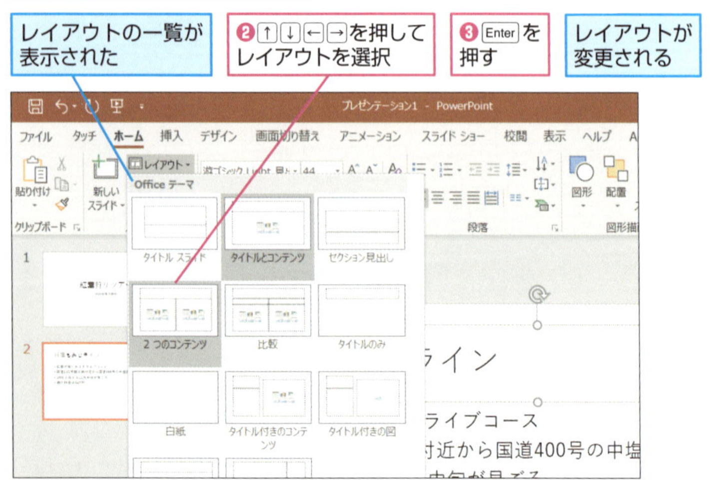

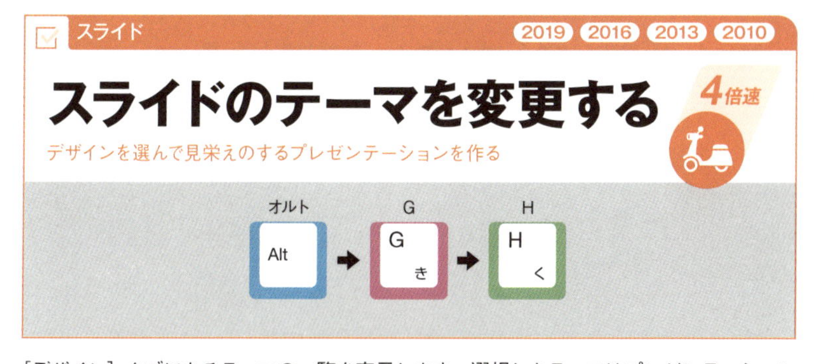

［デザイン］タブにあるテーマの一覧を表示します。選択したテーマはプレゼンテーション全体、またはスライド一覧で選択しているスライドに適用されます。

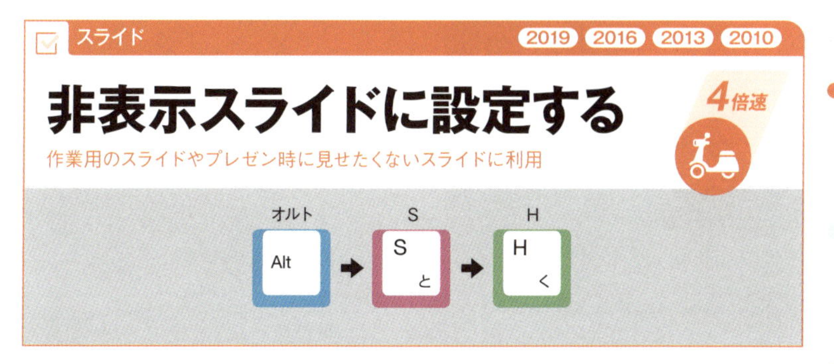

特定のスライドをスライドショー実行時に非表示にできます。非表示にしたスライドを見せる必要が生じたときは、［すべてのスライド］(P.137)から表示しましょう。

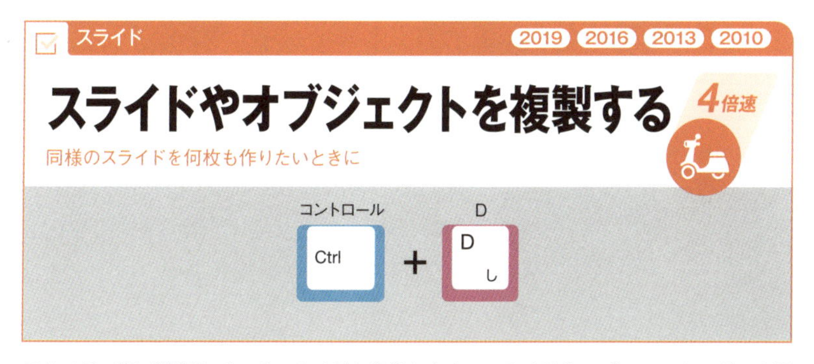

スライド一覧で選択しているスライドを複製します。スライド内のプレースホルダーや図形、テキストボックスを選択しているときは、それらを複製します。

アウトライン表示に切り替える

4倍速

見出しの一覧で全体の構成を確認

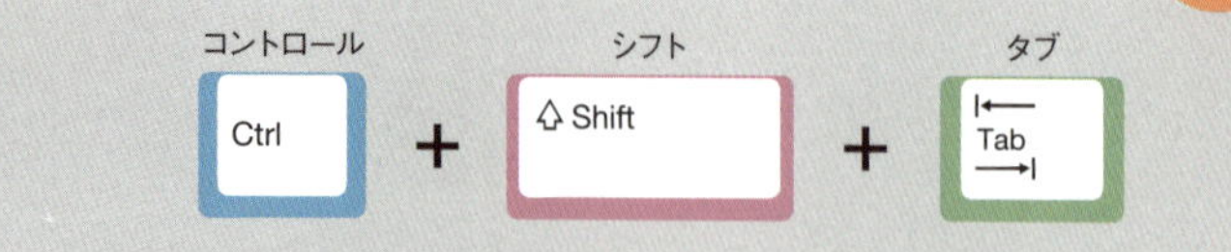

ウィンドウ左側にあるスライドの一覧を、アウトライン形式でスライドを編集できる［アウトライン］表示に切り替えます。再度押すと、スライドの一覧に戻ります。

Ctrl ＋ Shift ＋ Tab を押す

アウトライン表示になった

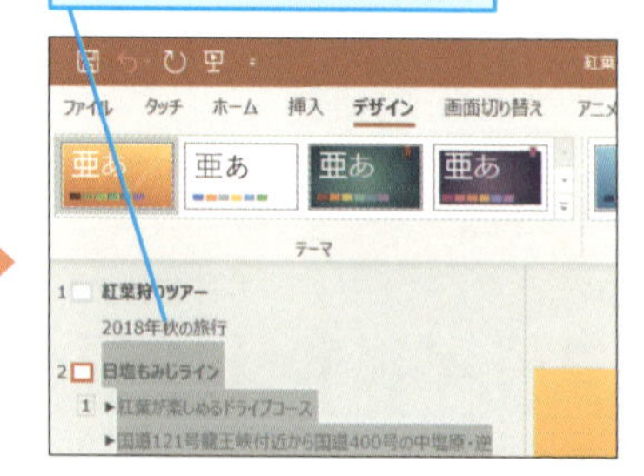

ポイント

●アウトライン表示では、Wordと同じショートカットキー（P.74～76）が使えます。

便利な組み合わせ　スライドのアウトラインを整える

段落のアウトラインレベルを変更する Alt ＋ Shift ＋ ← → ····P.74

段落を上下に入れ替える Alt ＋ Shift ＋ ↑ ↓ ························P.75

複数のオブジェクトをグループ化する

4倍速

並んだ図形やテキストボックスをまとめて操作

選択している図形やテキストボックスを、まとめて扱えるようにグループ化します。再度 Ctrl ＋ Shift ＋ G を押すと解除できます。G は"Group"と覚えましょう。

グループ化したい複数の図形を選択しておく

Ctrl ＋ G を押す

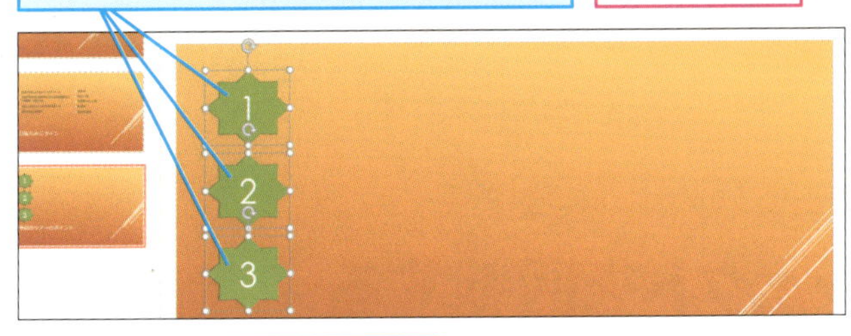

オブジェクトがグループ化された

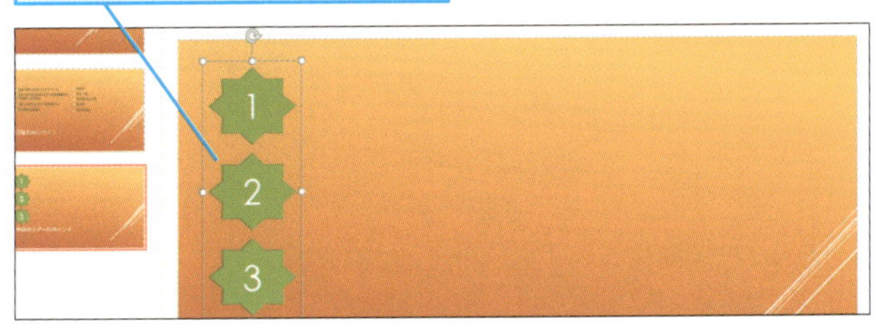

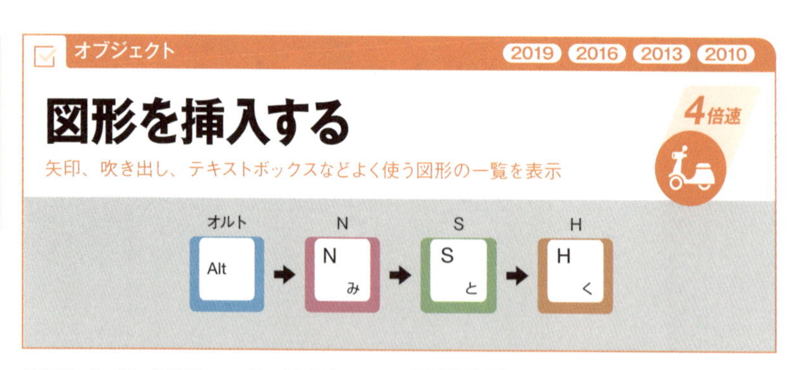

［挿入］タブの［図形］の一覧が表示されます。↑↓←→で挿入したい図形を選択してEnter（PowerPoint 2016以前ではCtrl＋Enter）を押すと、スライドの中央に図形が挿入されます。

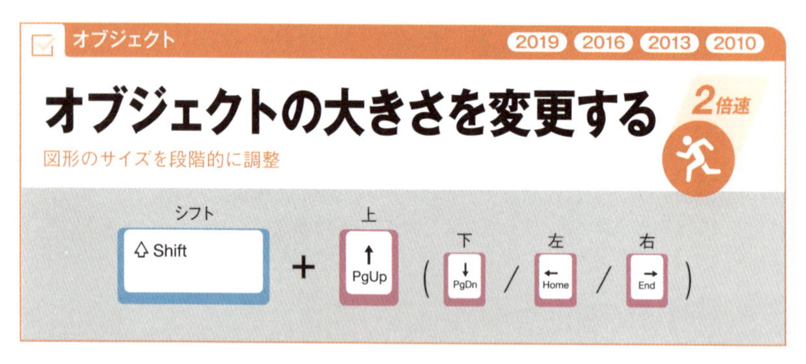

オブジェクト
2019
2016
2013
2010
オブジェクトの大きさを変更する
図形のサイズを段階的に調整
2倍速
シフト
Shift
上
PgUp
下
PgDn
左
Home
右
End

プレースホルダーや図形など、選択したオブジェクトの大きさを変更します。マウスのドラッグのように微調整はできず、元の大きさの10%程度ずつ拡大／縮小します。

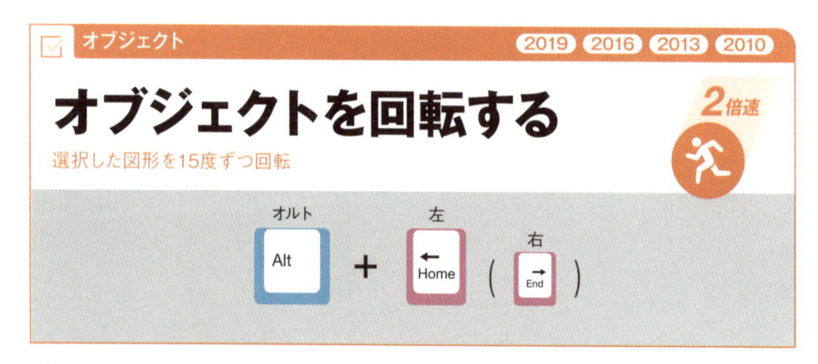

オブジェクト
2019
2016
2013
2010
オブジェクトを回転する
選択した図形を15度ずつ回転
2倍速
オルト
Alt
左
Home
右
End

プレースホルダーや図形など、選択したオブジェクトを左右に回転します。マウスのドラッグとは異なり15度ずつ回転するため、きりのいい角度に調整しやすくなります。

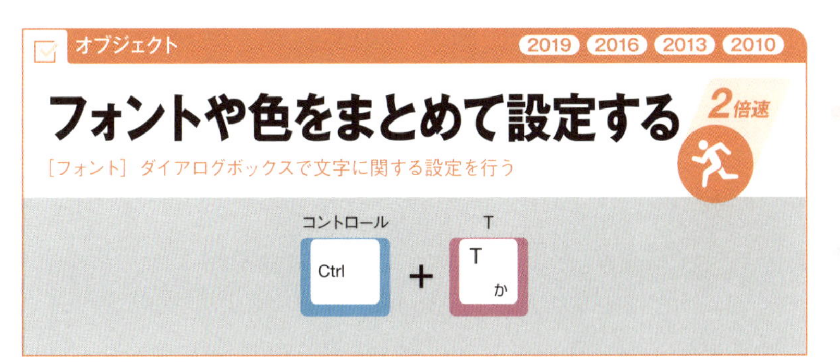

オブジェクト
2019
2016
2013
2010
フォントや色をまとめて設定する
2倍速
[フォント] ダイアログボックスで文字に関する設定を行う
コントロール
Ctrl
T
T
か

[フォント]ダイアログボックスを表示します。フォントの種類やスタイル、大きさ、色などをまとめて設定できます。

オブジェクト
2019
2016
2013
2010
文字を上下中央揃えにする
4倍速
プレースホルダー内の文字のレイアウトを調整
オルト
Alt
H
H
く
A
A
ち
T
T
か
M
M
も

Alt→H→A→Tの順に押すと、[ホーム] タブにある [文字の配置] の一覧が表示され、Mで[上下中央揃え]に設定します。上下に均等の余白を取ってレイアウトされます。

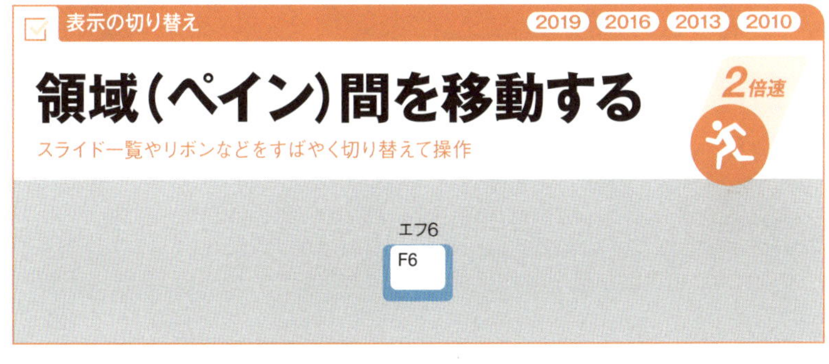

表示の切り替え
2019
2016
2013
2010
領域(ペイン)間を移動する
2倍速
スライド一覧やリボンなどをすばやく切り替えて操作
エフ6
F6

PowerPointの画面を構成する領域(ペイン)を、スライド、ステータスバー、リボン、ノート、スライド一覧の順に移動します。Shift+F6で逆順に移動します。

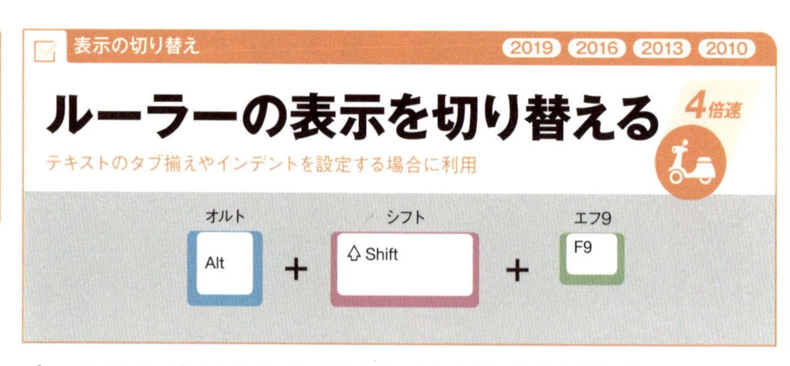

表示の切り替え
2019
2016
2013
2010
ルーラーの表示を切り替える
テキストのタブ揃えやインデントを設定する場合に利用
4倍速
オルト
Alt
シフト
Shift
エフ9
F9

プレースホルダー内やテキストボックス内で、タブ揃えやインデントを設定する「ルーラー」の表示／非表示を切り替えます。

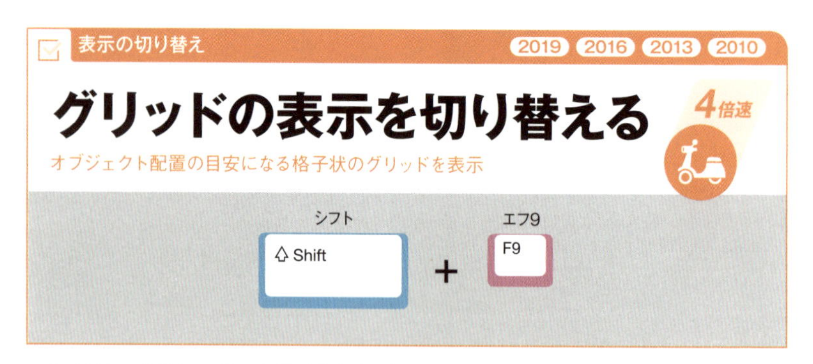

表示の切り替え
2019
2016
2013
2010
グリッドの表示を切り替える
オブジェクト配置の目安になる格子状のグリッドを表示
4倍速
シフト
Shift
エフ9
F9

スライド上の「グリッド」の表示／非表示を切り替えます。グリッドの間隔は Alt → W → X の順に押すと表示される[グリッドとガイド]ダイアログボックスで変更できます。

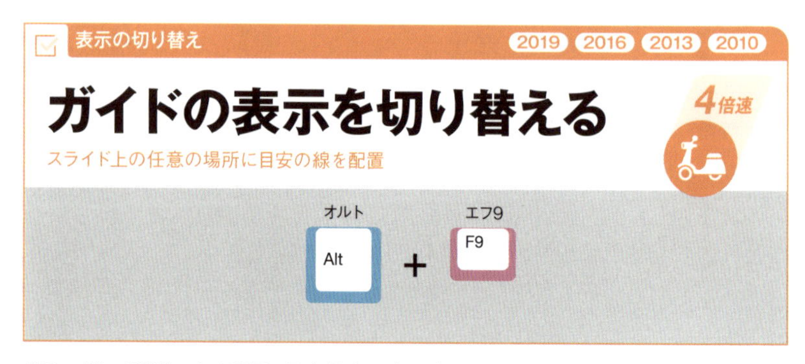

表示の切り替え
2019
2016
2013
2010
ガイドの表示を切り替える
スライド上の任意の場所に目安の線を配置
4倍速
オルト
Alt
エフ9
F9

ドラッグして移動できる配置の目安「ガイド」の表示／非表示を切り替えます。標準では縦方向と横方向に各1本ですが、Ctrl を押しながらドラッグすると本数を増やせます。

スライド一覧に切り替える

4倍速

作成したプレゼンテーションの全体像を確認

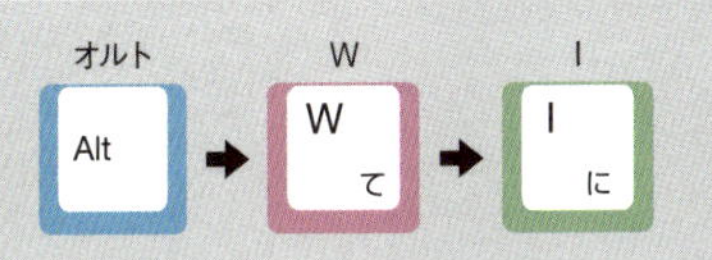

プレゼンテーションの表示が［スライド一覧］に切り替わり、通常はウィンドウ左側にある一覧が大きくなります。再度このショートカットキーを押すか、Alt→W→Lの順に押すと元の表示に戻ります。

Alt→W→Iの順に押す

［スライド一覧］が表示された

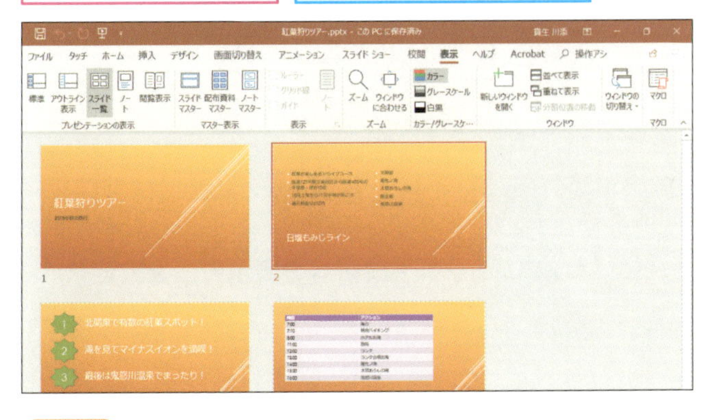

ポイント

● ［スライド一覧］ではスライドのコピーや貼り付けはもちろん、新規作成（P.127）、複製（P.129）などのショートカットキーも利用できます。

スライドショーを開始する

マウス操作よりもスマートにプレゼンテーションを開始

エフ5
F5

スライドショーを開始し、1枚目のスライドを全画面で表示します。スライドショーを終了するには Esc を押します。

スライドの編集画面を表示しておく

F5 を押す

スライドショーが開始された

便利な組み合わせ プロジェクター接続時の表示方法を設定

画面の表示モードを選択する ⊞ ＋ P ……………………………… P.43

ポイント

● 選択しているスライドからスライドショーを開始するには Shift ＋ F5 を押します。スライドショーの実行中は、→または↓、N、Enter、□のいずれかで次のスライドに、←または↑、P、Back space のいずれかで前のスライドに移動します。

[すべてのスライド]を表示する

5倍速

スライドのタイトル一覧から別のスライドに移動

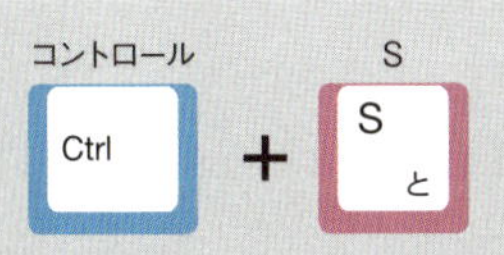

スライドショーの実行中に押すと[すべてのスライド]が表示されます。↑↓で表示したいスライドを選択してEnterを押すと、そのスライドに移動します。

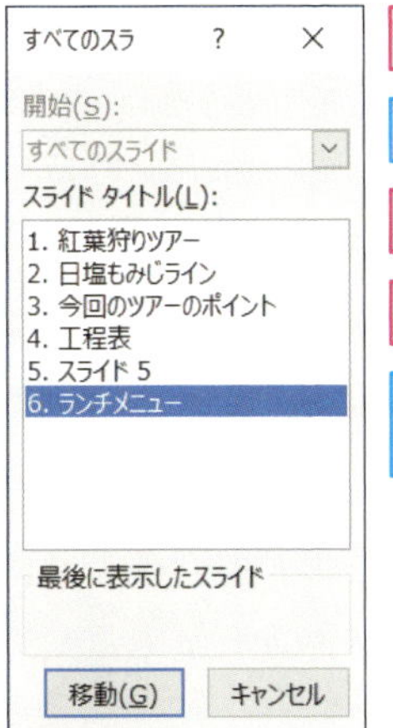

❶Ctrl+Sを押す

[すべてのスライド]が表示された

❷↓を押してスライドを選択

❸Enterを押す

選択したスライドが表示される

ポイント

● スライドショーの実行中に、スライド番号+Enterを押して目的のスライドを表示することもできます(P.138)。

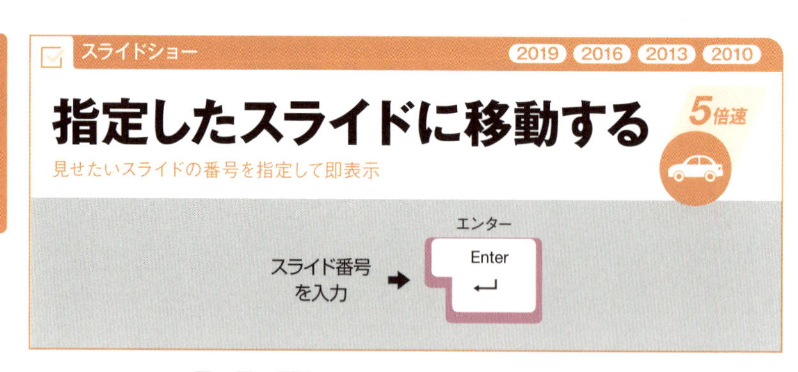

スライドショー
2019 2016 2013 2010
指定したスライドに移動する
見せたいスライドの番号を指定して即表示
5倍速
エンター
スライド番号
を入力
Enter

スライドショー中に1→2→Enterのように押すと、入力した番号のスライド（12枚目）に移動します。ただし、日本語入力がオンのときは使えません。

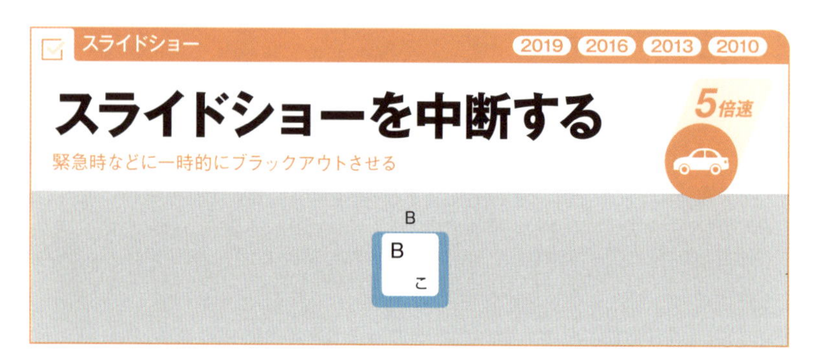

スライドショー
2019 2016 2013 2010
スライドショーを中断する
緊急時などに一時的にブラックアウトさせる
5倍速
B
B
こ

スライドショー中に、画面全体を黒一色に切り替えます。いずれかのキーを押せば元に戻ります。Wでは白一色になります。Bは“Black”、Wは“White”と覚えましょう。

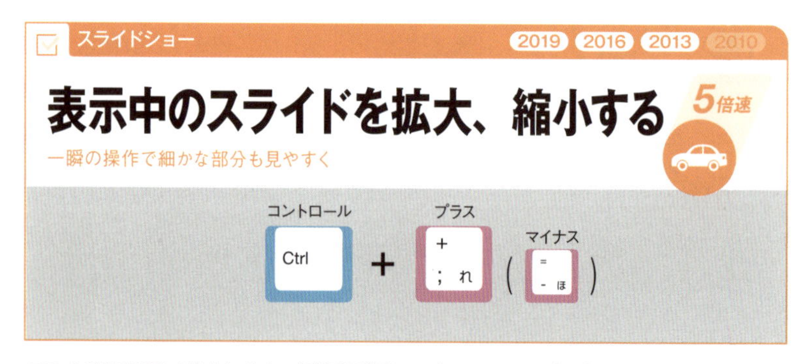

スライドショー
2019 2016 2013 2010
表示中のスライドを拡大、縮小する
一瞬の操作で細かな部分も見やすく
5倍速
コントロール
Ctrl
プラス
+
; れ
マイナス
=
- ほ

スライドを3段階で拡大します。↑↓←→かマウスのドラッグで表示領域を移動し、見せたい部分が映るようにできます。Ctrl＋-では表示倍率を縮小します。

マウスポインターをペンに変更する

4倍速

表示中のスライドにポイントを書き込める

コントロール　P

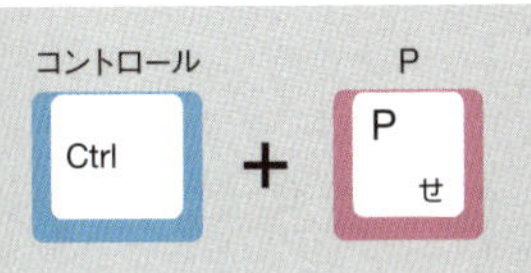

スライドショーの実行中にマウスポインターをペンに切り替え、マウスをドラッグして手描きの図形や文字をスライドに書き込めます。Pは"Pen"と覚えましょう。

スライドショーを実行しておく

❶Ctrl+Pを押す

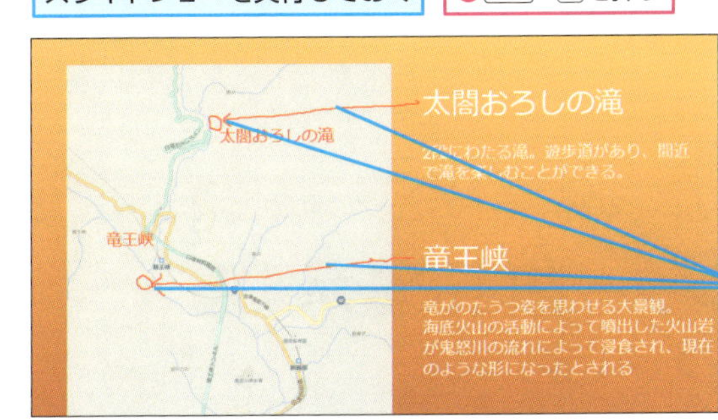

マウスポインターがペンに変更された

❷スライド上をドラッグする

スライド上にペンで書き込まれた

Escを押すと通常のマウスポインターに戻る

便利な組み合わせ　ペンで書き込んだ内容を消す

スライドへの書き込みを消去する E ……………………………… P.140

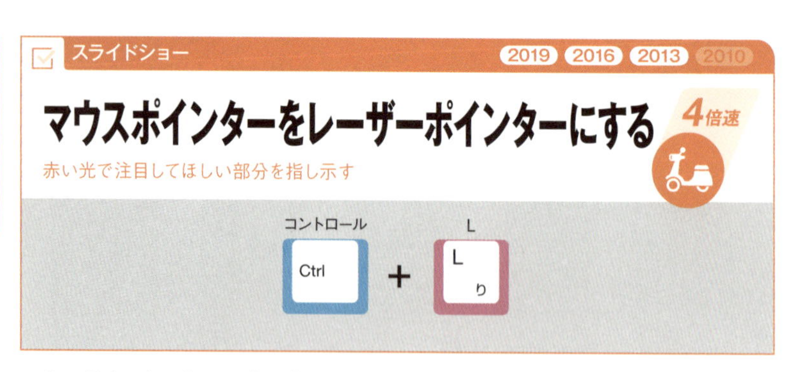
スライドショー
2019 2016 2013 2010
マウスポインターをレーザーポインターにする
赤い光で注目してほしい部分を指し示す
4倍速
コントロール
Ctrl
+
L
L
り

マウスポインターをレーザーポインターのような目立つ赤い光に切り替えます。Lは“Laser”と覚えましょう。

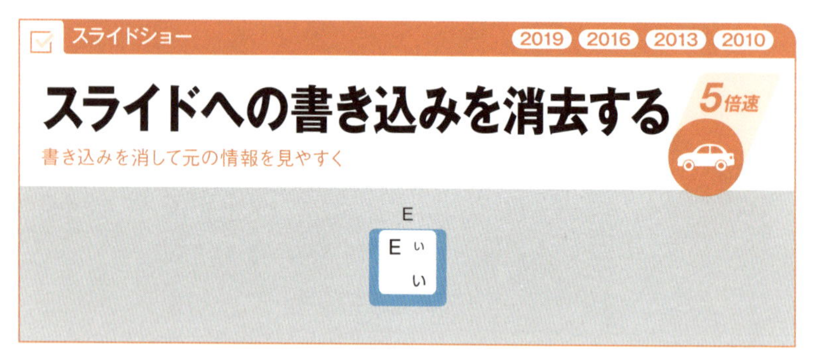
スライドショー
2019 2016 2013 2010
スライドへの書き込みを消去する
書き込みを消して元の情報を見やすく
5倍速
E
E い
い

スライドショー中にペンで書き込んだ内容を一度に削除します。Ctrl+Eでは消しゴムになり、1つずつ書き込みを消去できます。Eは“Erase”と覚えましょう。

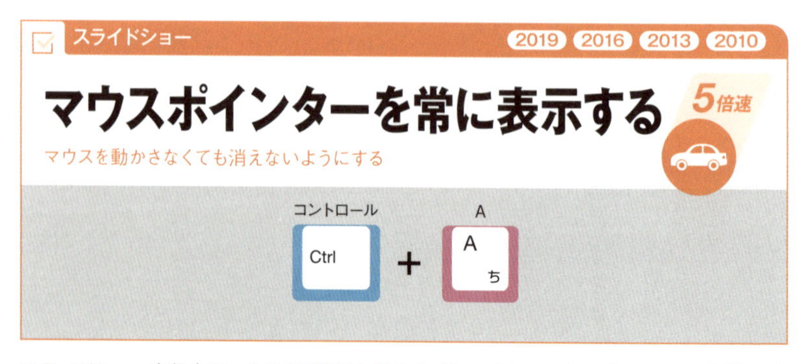
スライドショー
2019 2016 2013 2010
マウスポインターを常に表示する
マウスを動かさなくても消えないようにする
5倍速
コントロール
Ctrl
+
A
A
ち

スライドショー実行中にマウスを3秒以上動かさずにいると、マウスポインターが消えますが、これを常に表示するようにします。Ctrl+Hでは常に非表示になります。

Outlook編

Outlookの機能を切り替える

2倍速

メールから予定表などの切り替えを最短で実現

Outlookの機能を切り替えます。1 ～ 8はそれぞれ、[メール] [予定表] [連絡先] [タスク] [メモ] [フォルダー] [ショートカット] [履歴]の機能に対応します。

[メール]から[予定表]にウィンドウを切り替える

Ctrl + 2を押す

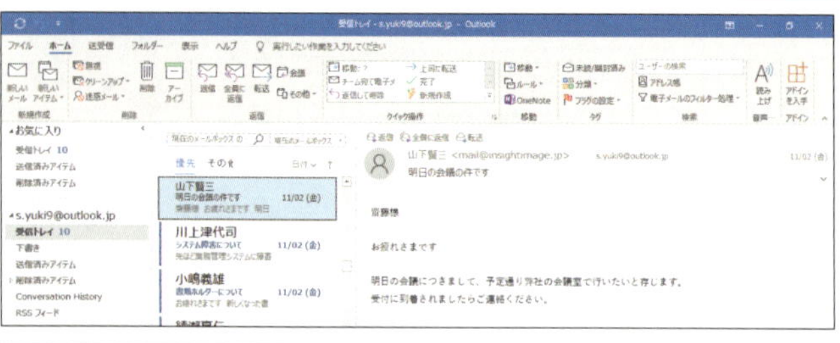

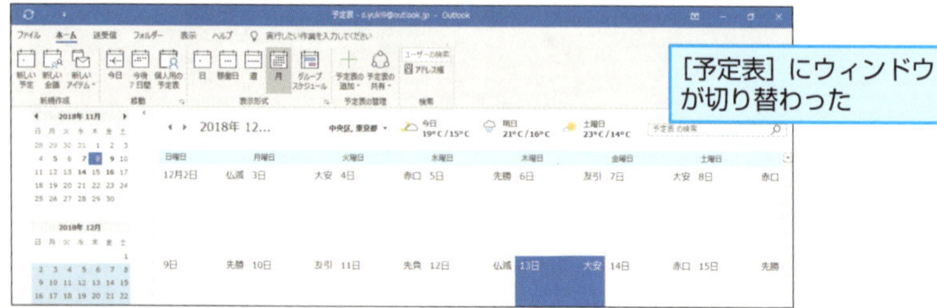

[予定表] にウィンドウが切り替わった

フォルダーを移動する

［下書き］や［送信済みアイテム］を含むメールのフォルダーを選択

［フォルダーへ移動］ダイアログボックスが表示されます。メールボックスにある［下書き］や［送信済みアイテム］のほか、［予定表］［タスク］［メモ］などへも移動できます。

［削除済みアイテム］フォルダーへ移動する

❶ Ctrl ＋ Y を押す

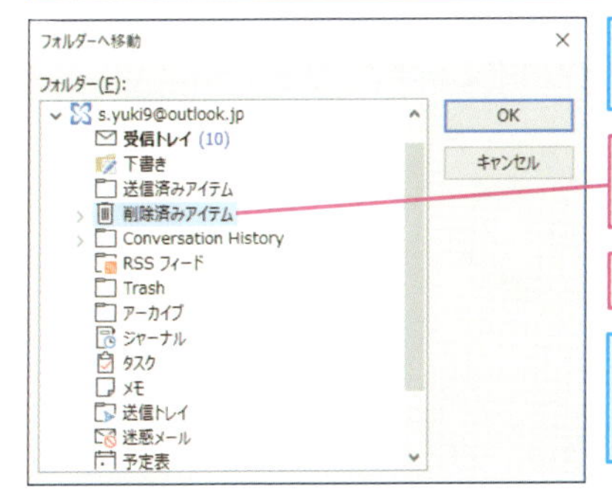

［フォルダーへ移動］ダイアログボックスが表示された

❷ ↑ ↓ を押してフォルダーを選択

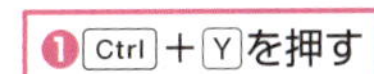

［削除済みアイテム］フォルダーの内容が表示される

ポイント

- Ctrl ＋ 1 ～ 8 で表示できないウィンドウは、このショートカットキーで表示できます。
- ［受信トレイ］を表示したいときに Ctrl ＋ Shift ＋ I を押すと、メール以外の機能を使っていても［受信トレイ］に切り替わります。

メールを別のウィンドウで開く

2倍速

複数のメールを同時に表示可能に

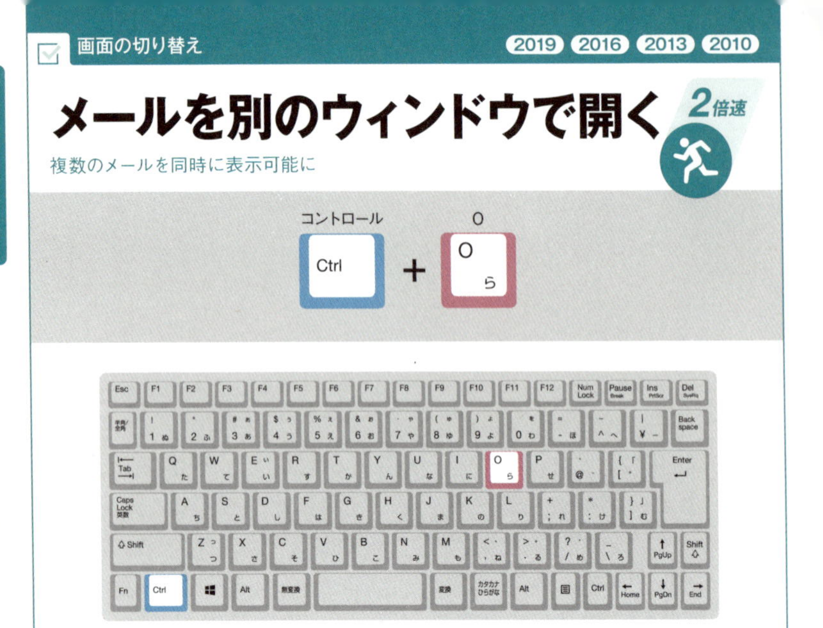

選択した項目を別のウィンドウで表示します。[メール] 以外でも予定や連絡先を別のウィンドウで開けます。Enterも同様です。

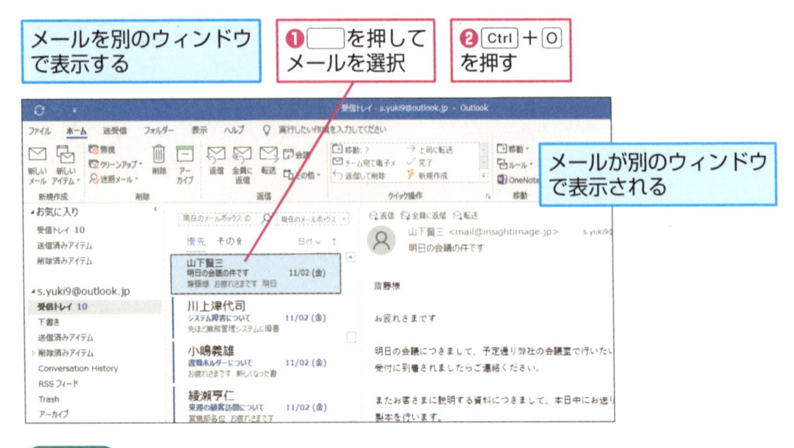

ポイント

- メールの一覧は↓または 、↑またはShift＋ で上下に移動できます。
- [予定表] ではTabとShift＋Tabを押すと前後の予定を選択できます。
- [タスク] や [メモ] では、↑↓←→でそれぞれの項目を選択できます。

新しいメールを作成する

どの画面からでも新規メールの作成画面をすぐに表示

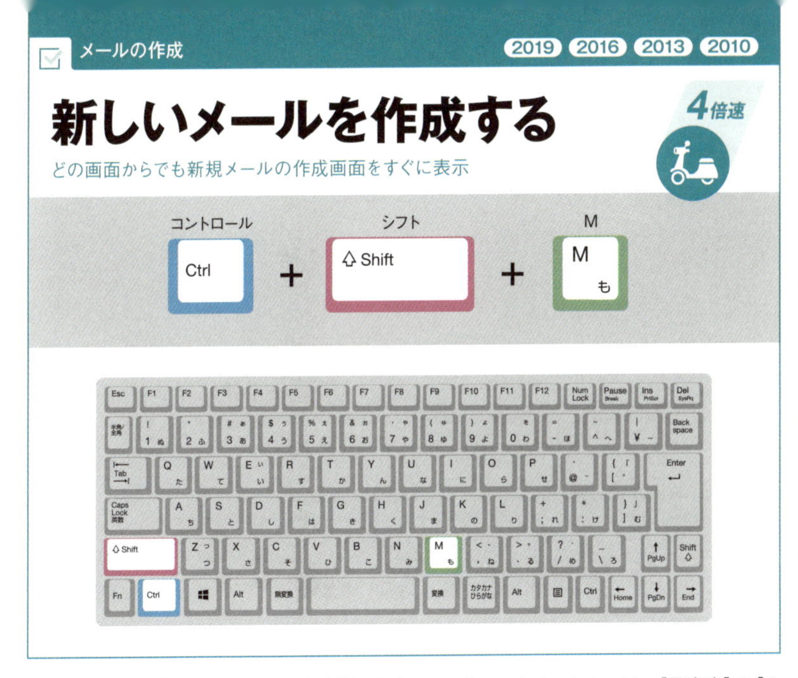

新規メールを作成するウィンドウを表示します。このショートカットキーは、[予定表]や[タスク]などの機能からも利用できます。Alt＋Sを押すとメールを送信します。

❶ Ctrl＋Shift＋Mを押す

新規メールの作成画面が表示された

❷宛先や件名、メール本文を入力

❸ Alt＋Sを押す

メールが送信される

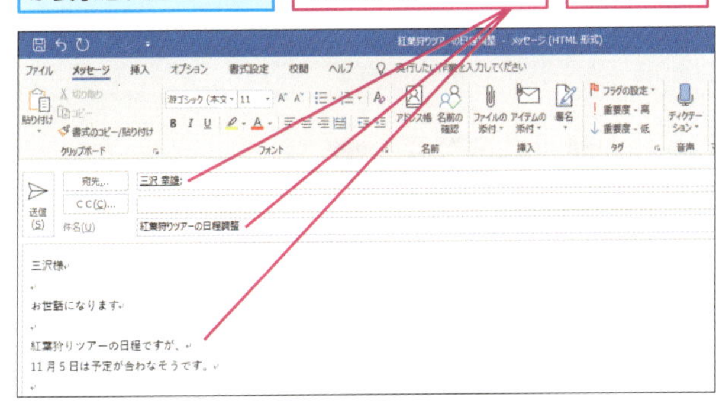

ポイント

- メールを下書きとして保存したいときはCtrl＋Sを押します。

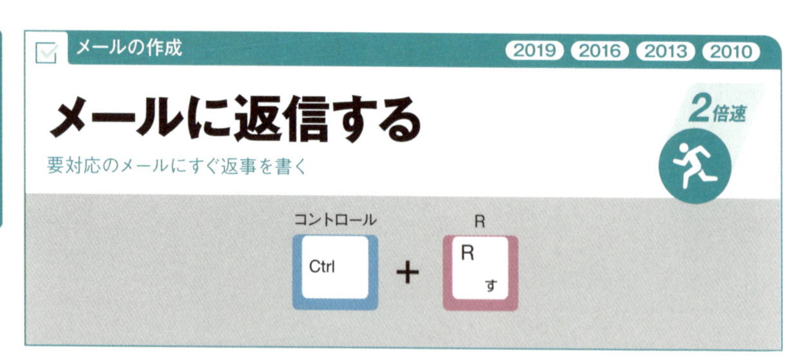

Ctrl＋Shift＋Rを押すと[全員に返信]になり、元のメールの[CC]に含まれるメールアドレスが返信の[CC]に入力されます。Rは"Reply"と覚えましょう。

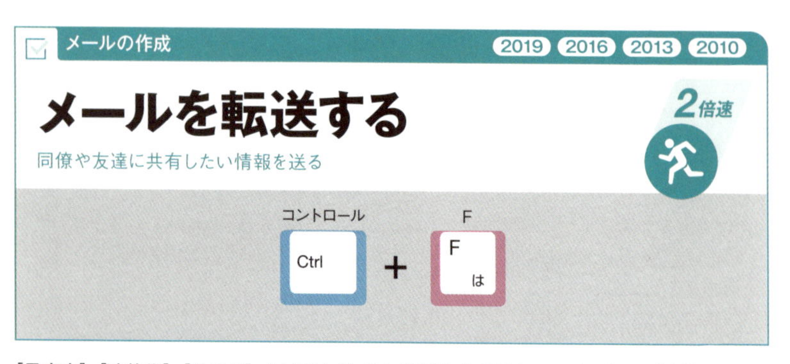

[予定表] [連絡先] [タスク] [メモ]などでは、選択した項目をファイルとして添付したメールを作成できます。Fは"Forward"と覚えましょう。

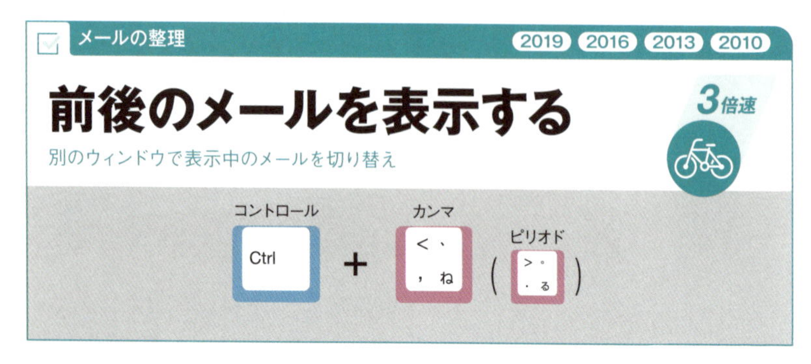

メールを別のウィンドウで表示(P.145)しているときに利用します。Ctrl＋,で前のメール、Ctrl＋.で次のメールに切り替わります。

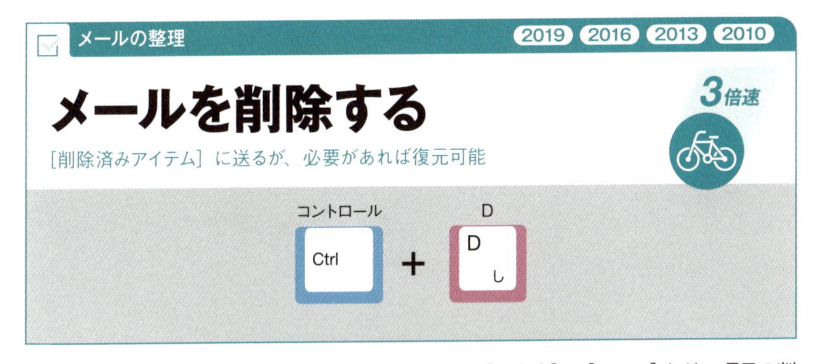

削除したメールは［削除済みアイテム］に移動します。［予定表］や［タスク］などの項目の削除にも、このショートカットキーが使えます。Dは“Delete”と覚えましょう。

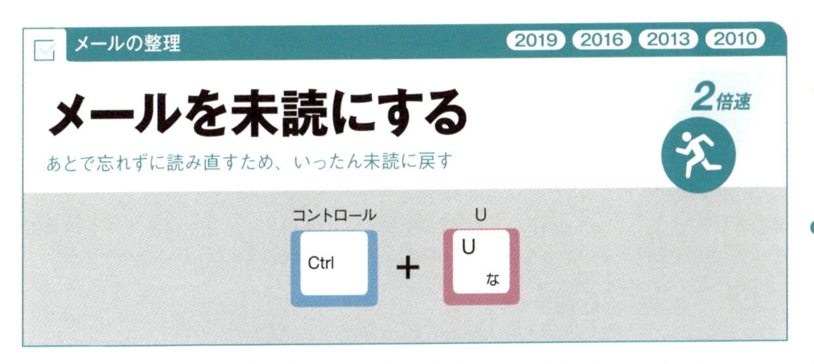

一度開いたメールをあとで読み直したいときなどに使います。Uは“Unread”と覚えましょう。Ctrl＋Qで未読のメールを［開封済み］にできます。

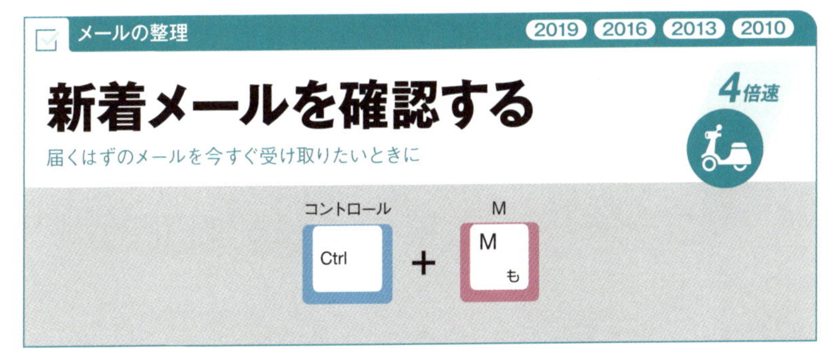

［すべてのフォルダーを送受信］を実行し、新着メールの有無を確認できます。メールが届いているはずなのに表示されないときに押すと、メールの受信を確認できます。

Windows
Word
Excel
PowerPoint
Outlook
Chrome
Gmail
Googleカレンダー

予定を作成する

件名、場所、日時などをスマートに入力

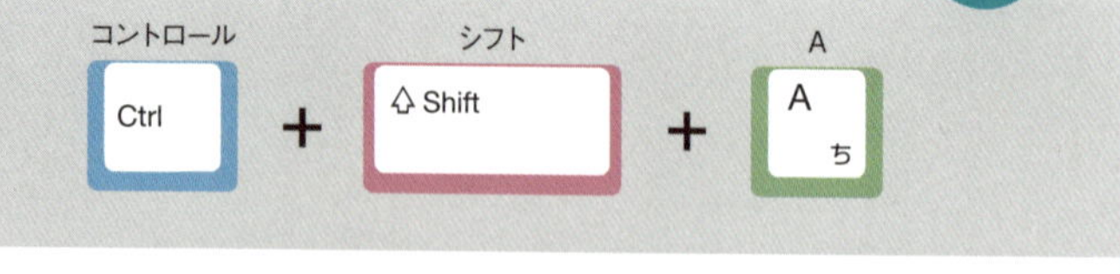

新規の予定を作成するウィンドウを表示します。このショートカットキーは、[メール]などのほかの機能を使っているときでも有効です。作成した予定はAlt＋Sで保存できます。

❶Ctrl＋Shift＋Aを押す

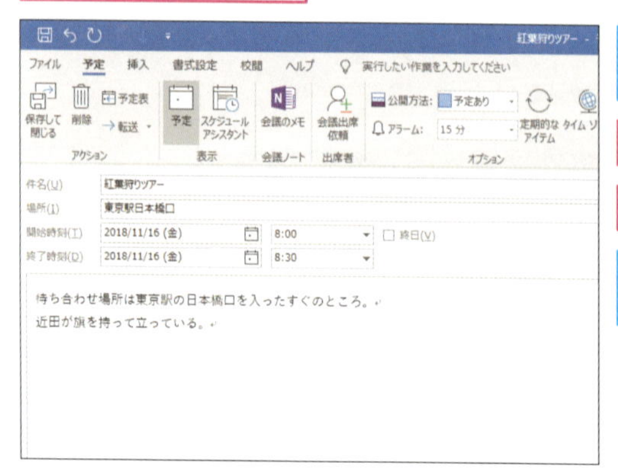

新規予定の作成画面が表示された

❷予定を入力

❸Alt＋Sを押す

予定の登録が完了し、ウィンドウが閉じる

ポイント

- 新規予定の作成画面でCtrl＋Gを押すと、定期的な予定を作成できます。[定期的な予定の設定]ダイアログボックスが表示され、時間やパターンを設定できます。

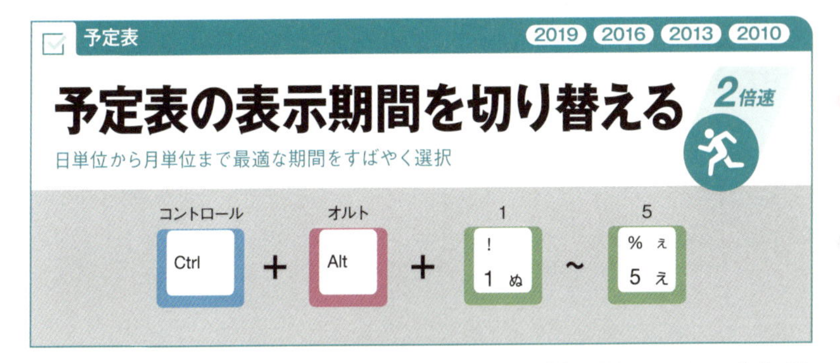

[予定表]の[ホーム]タブにある[表示形式]を切り替えます。1 ～ 5はそれぞれ、[日]［稼働日］［週］［月］［グループスケジュール]の表示に対応しています。

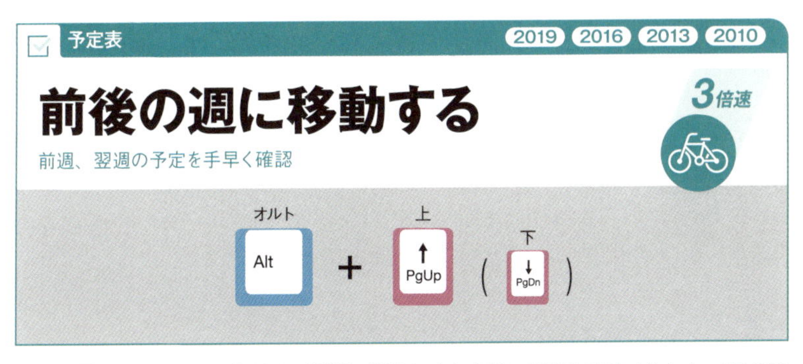

Alt＋↑を押すと前週の期間を、Alt＋↓を押すと次週の期間を表示できます。1日の予定表を表示した状態では、前後の週の同じ曜日の予定を確認できます。

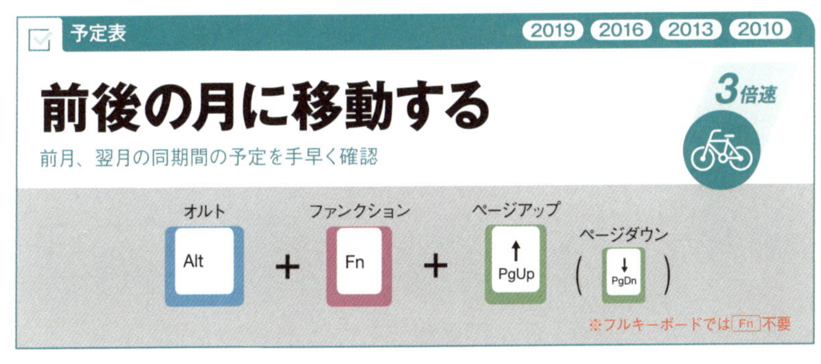

Alt＋Page Upを押すと先月の期間を、Alt＋Page Downを押すと翌月の期間を表示できます。週の予定表を表示した状態では、前後の月の同じ週の予定を確認できます。

特定の日数の予定表を表示する

6倍速

旅行や出張の期間を指定して表示可能

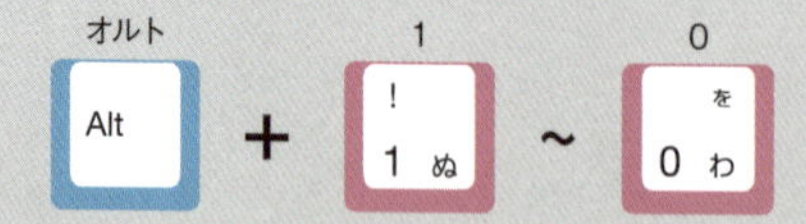

選択した日から Alt +1 で1日分、 Alt +5 で5日分など、数字キーに対応した日数分の予定を表示します。このショートカットキーは[予定表]のみで有効です。

今後10日間のスケジュールを確認する

Alt +0 を押す

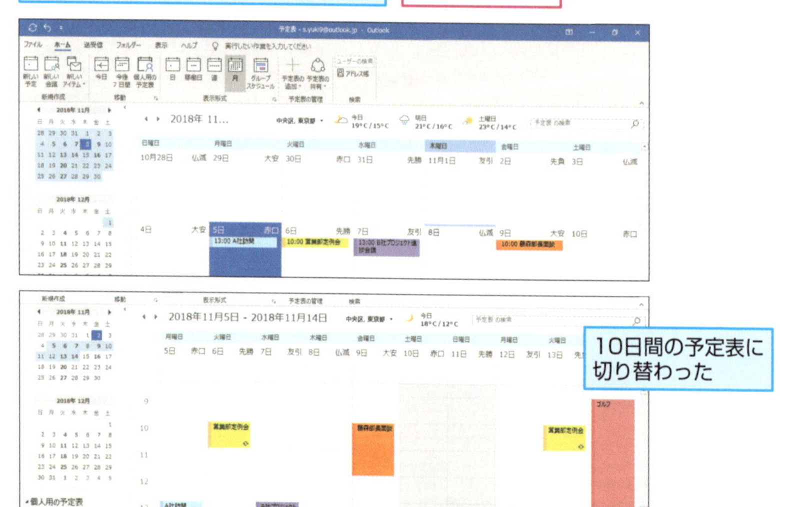

指定した日付の予定表を表示する

特定の日の予定を確実に表示

7倍速

指定した日付へ移動する［指定の日付へ移動］ダイアログボックスを表示します。ダイアログボックスを表示した状態でAlt＋Sを押せば［表示形式］も指定できます。

2018年11月5日の［週間予定表］を表示する

❶Ctrl＋Gを押す

［指定の日付へ移動］が表示された

❷移動したい日付を入力

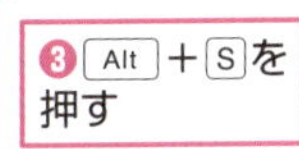

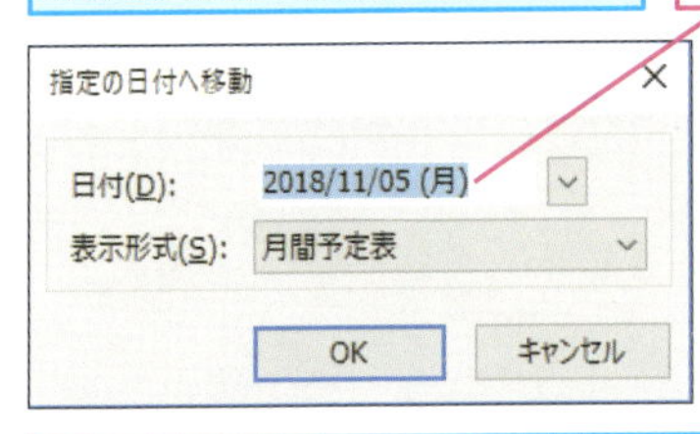

❸Alt＋Sを押す

［表示形式］を選択できる状態になった

❹↑↓で［週間予定表］を選択する

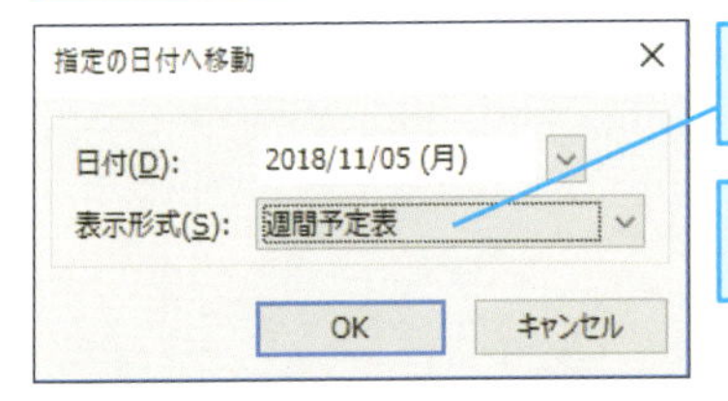

［週間予定表］が選択された

❺Enterを押す

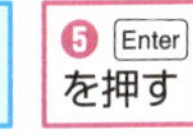

指定した日付の週間予定表が表示される

連絡先を追加する

顧客や取引先の情報を新規に登録

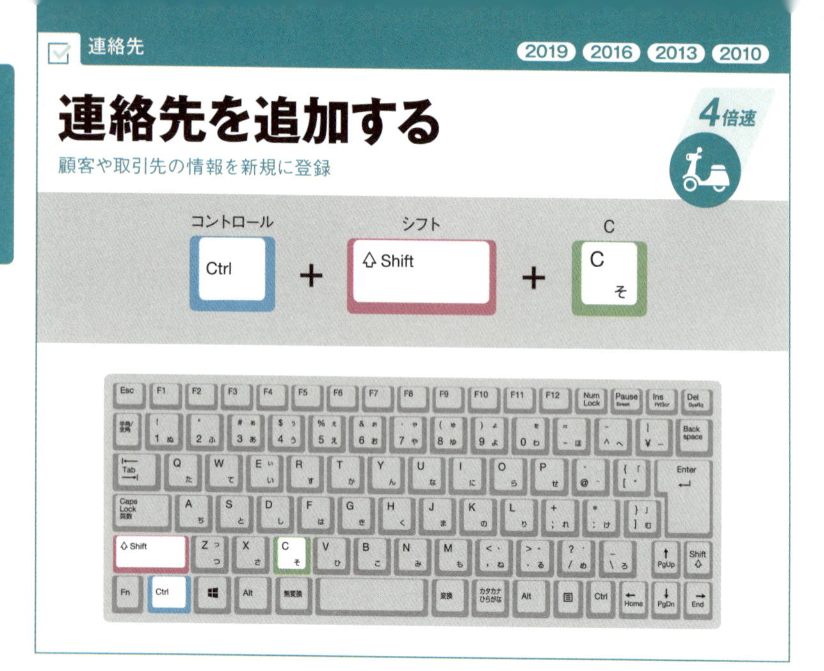

連絡先を追加するウィンドウを表示します。[メール]など、ほかの機能を使っているときでも有効です。連絡先の詳細を入力したらAlt＋Sを押すと保存できます。

❶Ctrl＋Shift＋Cを押す

連絡先の追加画面が表示された

❷連絡先の情報を入力

❸Alt＋Sを押す

連絡先の追加が完了し、ウィンドウが閉じる

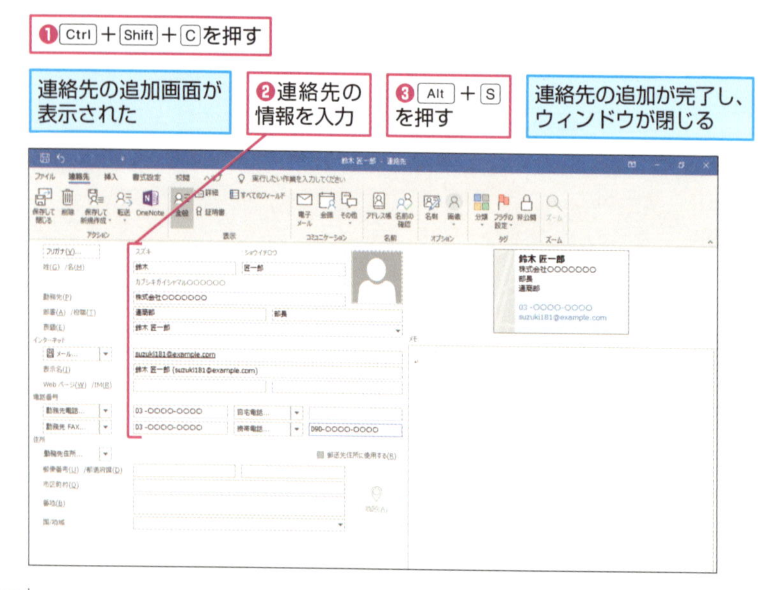

アドレス帳を開く

登録している連絡先の一覧からメール作成などを開始

［アドレス帳］を表示し、検索などが行えます。宛先を選択して Ctrl ＋ N を押すと新規メールを作成できます。また、Enter で連絡先の編集ウィンドウが開きます。

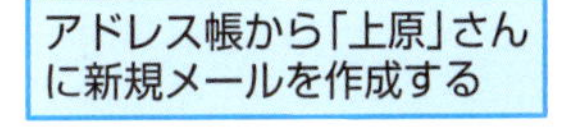

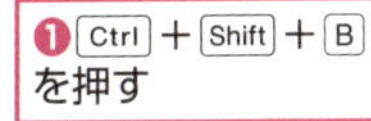

［アドレス帳］が表示された

該当する連絡先が選択された

❸ Ctrl ＋ N を押す

新規メールの作成画面が表示される

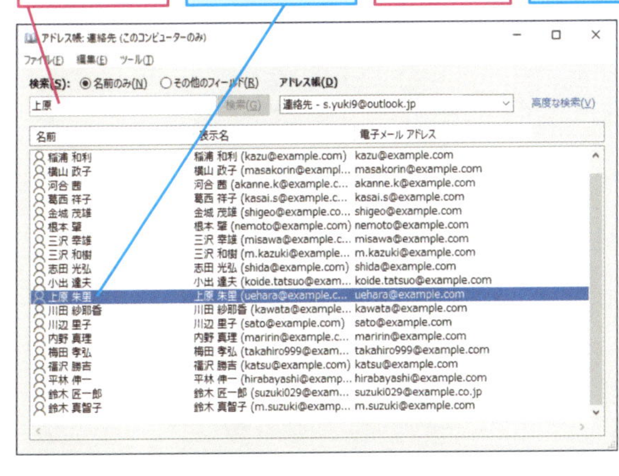

タスクを追加する

開始日や期限を設定してやるべきことを整理

開始日や期限が決まっているタスクを追加するウィンドウを表示します。Alt＋Sを押すと入力したタスクを保存できます。

❶Ctrl＋Shift＋Kを押す

新規タスクの作成画面が表示された

❷タスクの内容を入力

❸Alt＋Sを押す

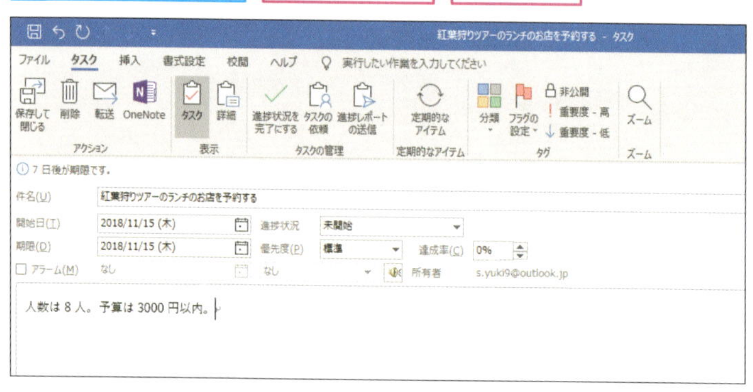

タスクの追加が完了し、ウィンドウが閉じられる

タスクを完了する

タスクの進捗状況を［完了］に変更し、一覧から消す

3倍速

インサート

Ins PrtScr

［タスク］の一覧で選択したタスクの進捗状況を［完了］に変更します。複数のタスクを選択し、まとめて[完了]にすることもできます。

完了したタスクを選択しておく

Insertを押す

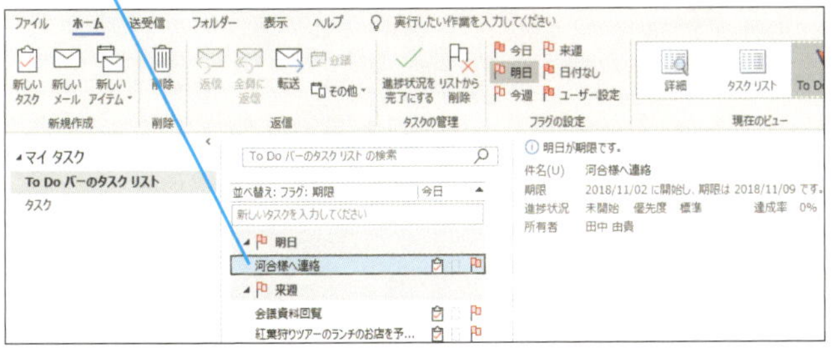

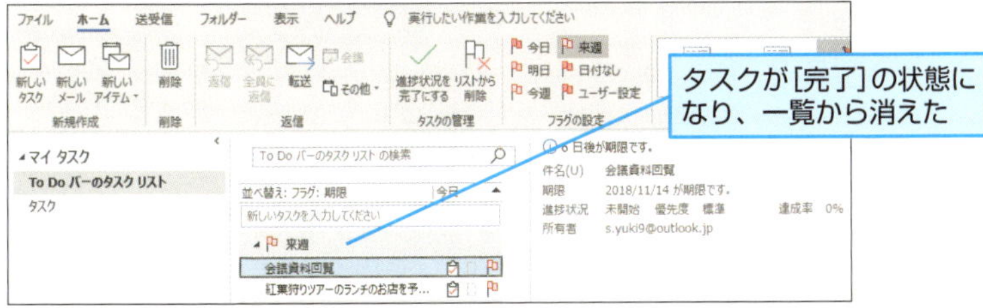
タスクが[完了]の状態になり、一覧から消えた

メールや連絡先にフラグを設定する

返信を忘れないようにメールをタスクとして登録

選択中のメールや連絡先に対してタスクを設定する、フラグの［ユーザー設定］ダイアログボックスを表示します。内容や期限を設定してEnterを押すと［タスク］に追加され、返信や連絡を忘れないように管理できます。

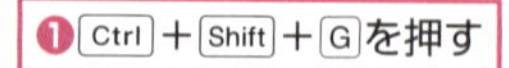

［ユーザー設定］ダイアログボックスが表示された

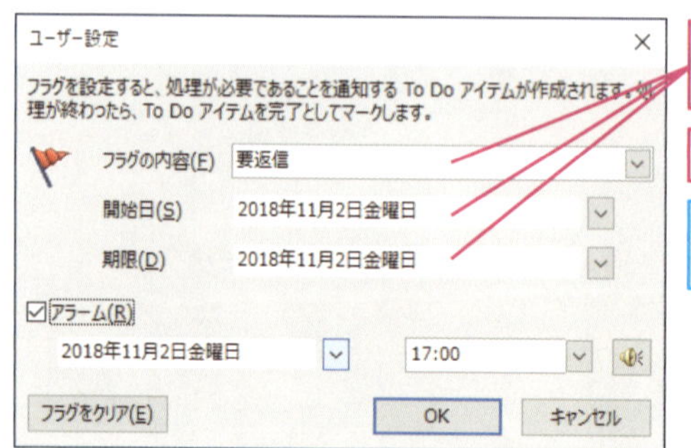

Chrome編

ウィンドウとタブ……………………… 158
検索とアドレスバー ………………… 161
印刷………………………………………… 162
保存………………………………………… 162
ページの閲覧…………………………… 163
ブックマーク…………………………… 165
メニュー………………………………… 167
履歴………………………………………… 168
ダウンロード…………………………… 169
ページ内検索…………………………… 170
読み込み………………………………… 171
ズーム …………………………………… 172

最後に閉じたタブを再度開く

5倍速

間違えて閉じてしまったタブをすぐ開き直す

まだ表示しておきたいタブを閉じてしまったとき、この操作ですぐに開き直せます。通常はメニューの操作が必要なところを、大幅に時短できます。Tは"Tab"と覚えましょう。

Ctrl＋Shift＋Tを押す

直前に閉じたタブが再度開いてアクティブになった

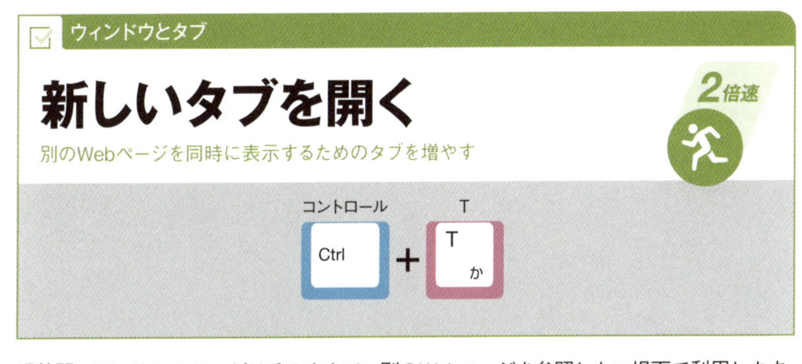

現状開いているWebページはそのままで、別のWebページを参照したい場面で利用します。

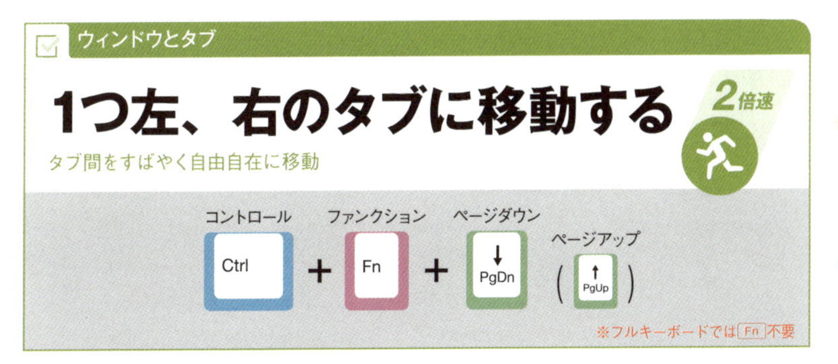

開いている複数のタブを切り替え、情報の比較などがすばやく行えます。Ctrl+TabとCtrl+Shift+Tabも同様です。

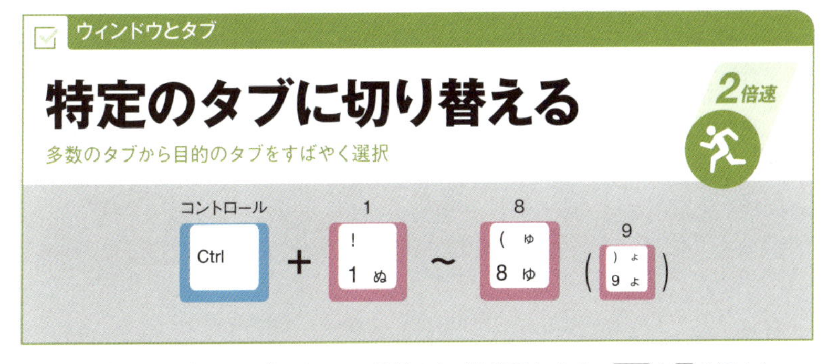

押した数字キーに応じて、左から1～8番目のタブを表示します。Ctrl+9を押すと、いちばん右のタブに切り替えます。

ウィンドウとタブ
タブを閉じる
不要なタブをすばやく閉じてウィンドウをシンプルに
2倍速
コントロール
Ctrl
W
W
て

Webページを見終わったら、この操作でタブを閉じましょう。タブが1つしか開いていない場合はウィンドウを閉じます。Ctrl＋F4でも同様です。

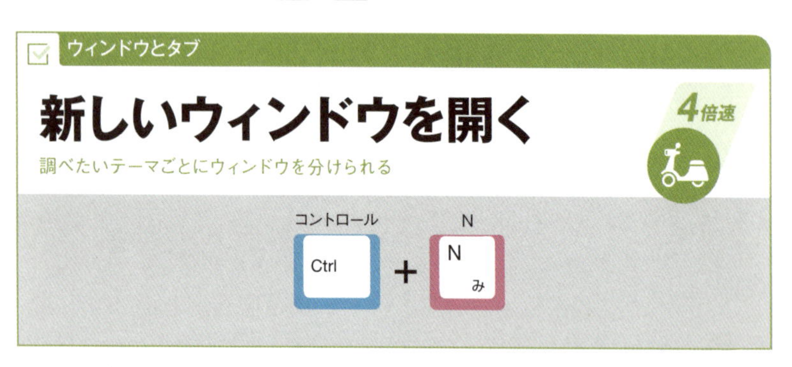

ウィンドウとタブ
新しいウィンドウを開く
調べたいテーマごとにウィンドウを分けられる
4倍速
コントロール
Ctrl
N
N
み

新しいタブではなく新しいウィンドウを開きます。新しいウィンドウでも、さらに複数のタブを開けます。

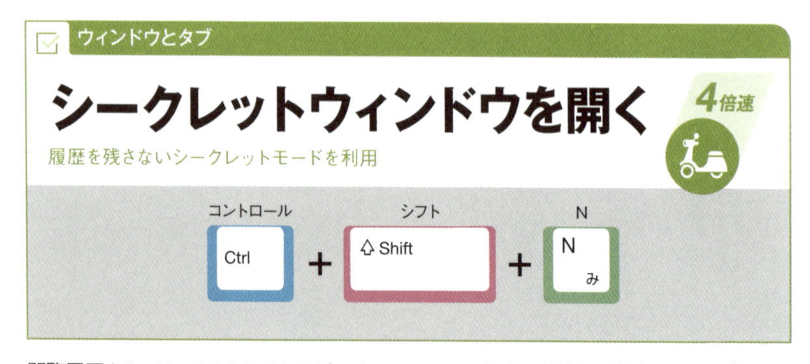

ウィンドウとタブ
シークレットウィンドウを開く
履歴を残さないシークレットモードを利用
4倍速
コントロール
Ctrl
シフト
Shift
N
N
み

閲覧履歴やCookie、Webサイトのデータ、フォームに入力した情報が保存されない「シークレットモード」のためのウィンドウを開きます。

アドレスバーを選択する

検索キーワードやURLをすぐに入力できる

2倍速

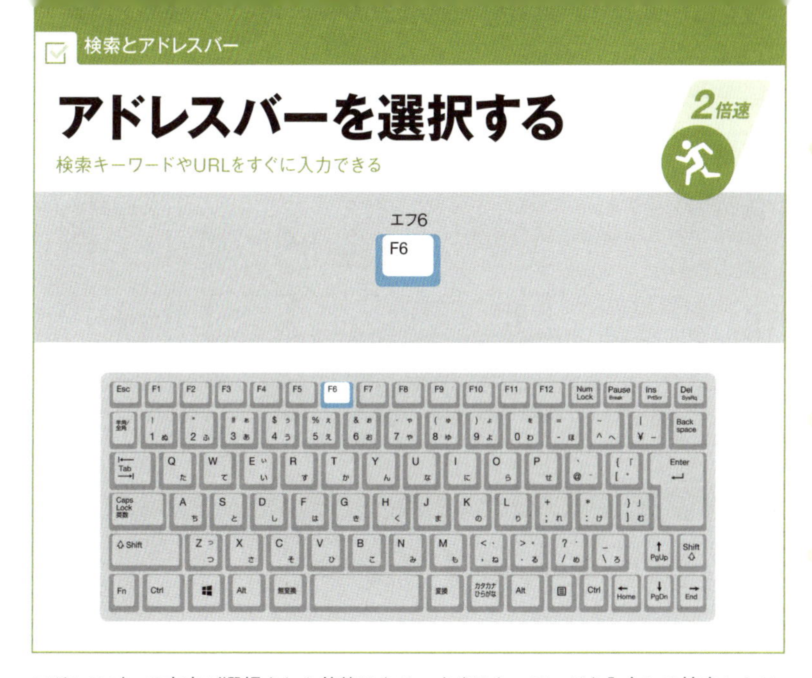

アドレスバーの文字が選択された状態になり、すぐにキーワードを入力して検索したり、URLを入力したりできます。Ctrl+L、Alt+Dでも同様です。

F6を押す

アドレスバーの文字が選択された状態になった

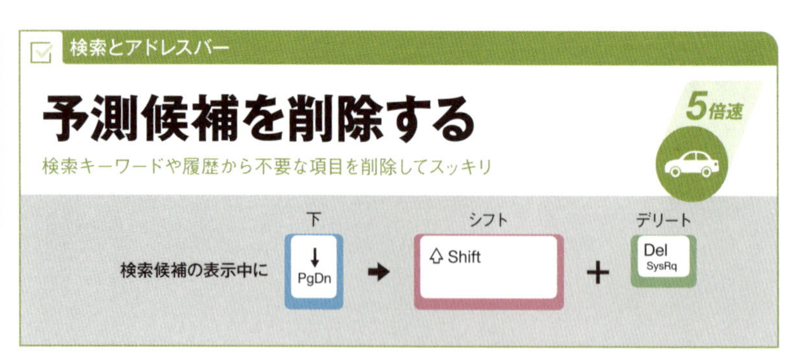

検索とアドレスバー
予測候補を削除する
検索キーワードや履歴から不要な項目を削除してスッキリ
5倍速
検索候補の表示中に
下
↓ PgDn
シフト
⇧ Shift
デリート
Del SysRq

アドレスバーに文字を入力したときに表示される予測候補のうち、不要な項目や残したくない項目を削除できます。なお、候補の選択はマウスでも行えます。

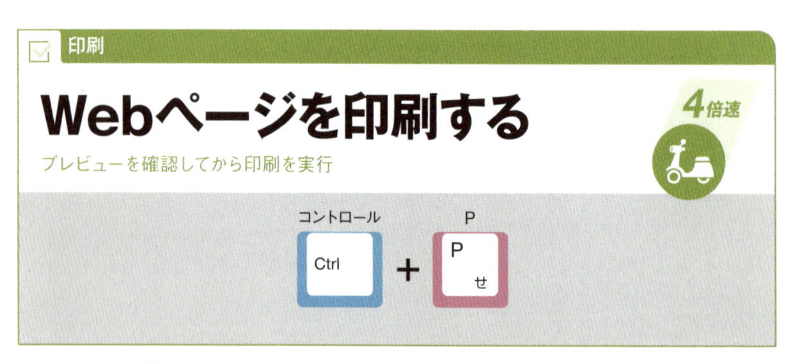

印刷
Webページを印刷する
プレビューを確認してから印刷を実行
4倍速
コントロール
Ctrl
P
P せ

Chrome独自の［印刷］ダイアログボックスで、印刷プレビューを表示します。Ctrl＋Shift＋Pを押した場合は、Windows標準の[印刷]ダイアログボックスを表示できます。

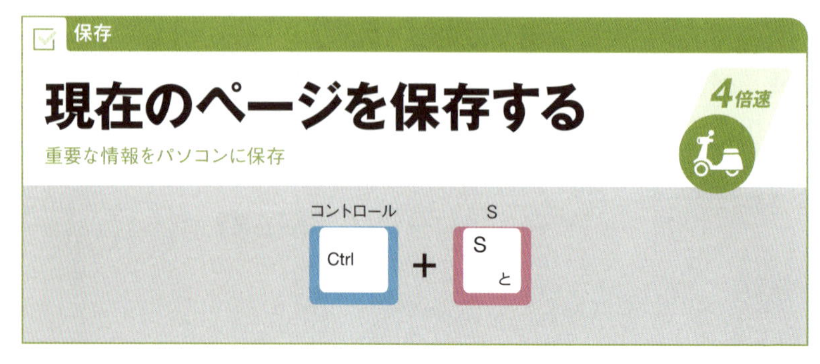

閲覧中のWebページの内容をファイルとして保存します。オフラインでもそのWebページの内容を参照できるようになります。

クリック可能な項目を移動する

2倍速

Webページ中のリンクやボタンをスピーディに選択

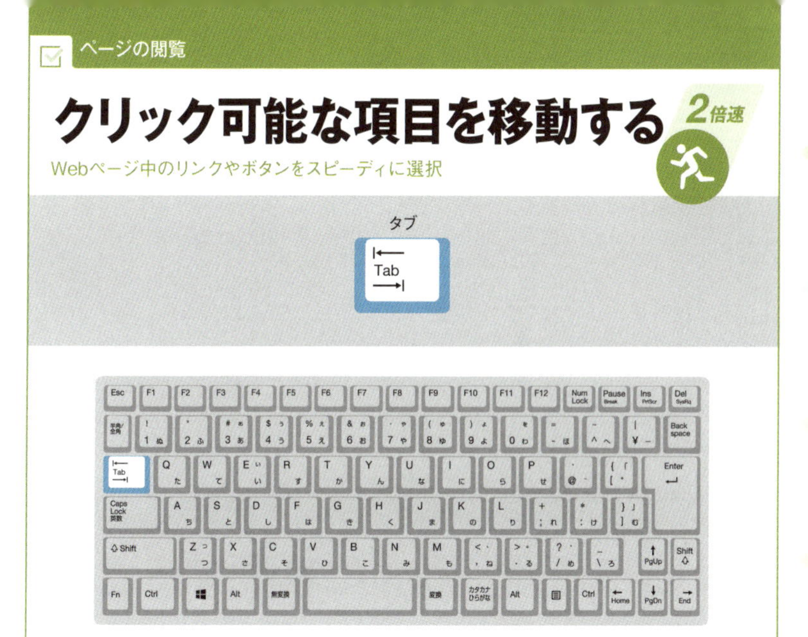
タブ
Tab

Webページ内のクリック可能な項目を順にカーソルが移動し、Shift＋Tabでは逆順で移動します。目的の項目でEnterキーを押すと、クリックと同様の操作になります。

Webページを表示しておく
Tabを押す
リンクが選択された
Enterを押すとクリックできる
https://www.impress.co.jp
事業紹介
会社情報
お知らせ・ニュースリリース
採用情報

ポイント

- カーソルを使ってリンク先に移動するとき、Ctrl＋Enterを押すと新しいタブでリンク先が表示されます。Shift＋Enterでは新しいウィンドウが開きます。

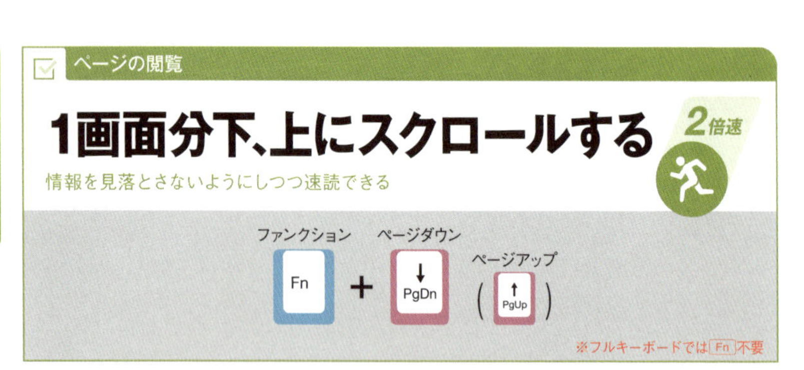

ページの閲覧
1画面分下、上にスクロールする
情報を見落とさないようにしつつ速読できる
2倍速
ファンクション
Fn
ページダウン
PgDn
ページアップ
PgUp
※フルキーボードではFn不要

1画面分下または上にスクロールできます。速くスクロールしつつ、1画面ごとになるため、情報の見落としを避けられるのが利点です。［　］／［Shift］＋［　］も同様です。

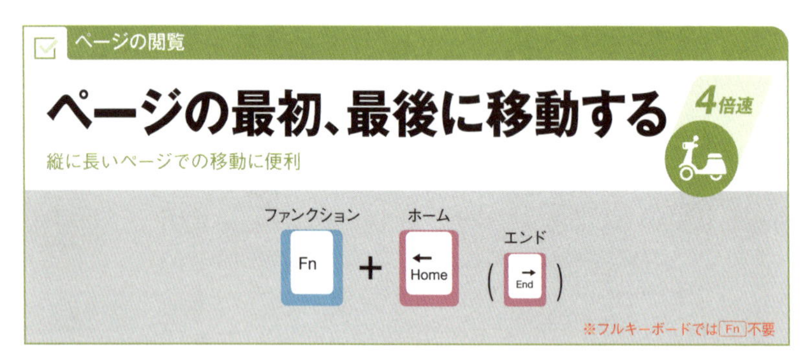

ページの閲覧
ページの最初、最後に移動する
縦に長いページでの移動に便利
4倍速
ファンクション
Fn
ホーム
Home
エンド
End
※フルキーボードではFn不要

［Home］でWebページの最初に、［End］で最後に移動します。ページ上部や下部の内容をすばやく表示したいときに使いましょう。

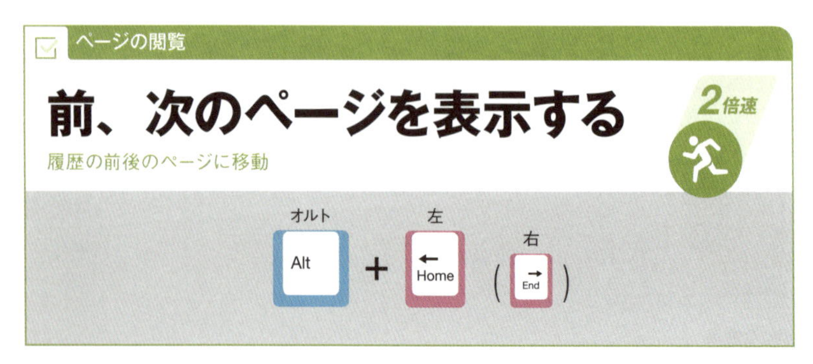

ページの閲覧
前、次のページを表示する
履歴の前後のページに移動
2倍速
オルト
Alt
左
Home
右
End

そのタブの履歴をさかのぼり、直前に閲覧したWebページに戻るには［Alt］＋［←］、次に見たWebページへ進むには［Alt］＋［→］を押します。

ブックマーク

ページをブックマークする

2倍速

あとで見たいWebページのURLを保存・分類

閲覧中のWebページをブックマークに追加し、いつでもすぐに開けるようにします。[ブックマークを編集] ダイアログボックスが表示され、保存するフォルダーを選択するなどの分類もできます。

ブックマークしたいWebページを表示しておく

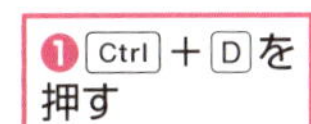

[ブックマークを編集] ダイアログボックスが表示された

❷[完了]をクリック

ポイント

● [ブックマークを編集] ダイアログボックスで Tab キーを押し、[その他] にカーソルを移動して Enter を押すと、ブックマークのURLやフォルダーの階層を編集できます。

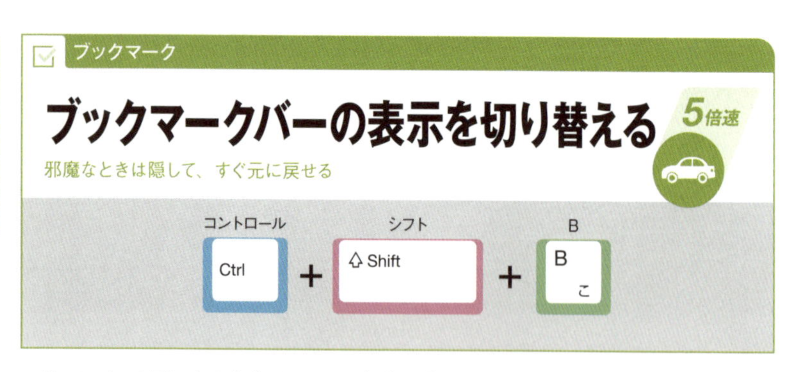

ブックマーク
ブックマークバーの表示を切り替える
邪魔なときは隠して、すぐ元に戻せる
5倍速
コントロール
Ctrl
シフト
Shift
B
B
こ

アドレスバーの下にある［ブックマークバー］の表示／非表示を切り替えます。画面を広く使いたいときは非表示にしましょう。

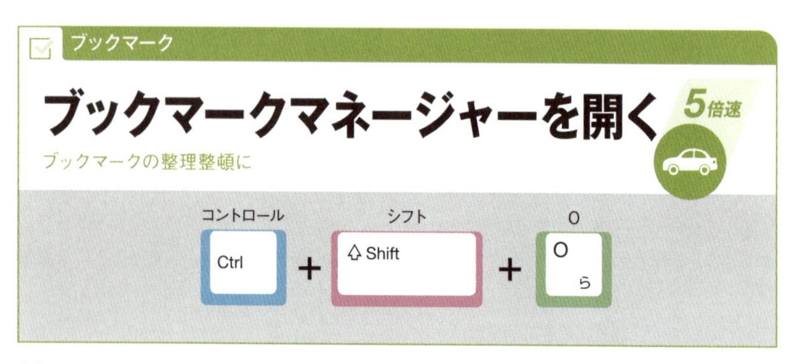

ブックマーク
ブックマークマネージャーを開く
ブックマークの整理整頓に
5倍速
コントロール
Ctrl
シフト
Shift
O
O
ら

［ブックマークマネージャー］の画面を表示します。ブックマークの一覧を見たり、ブックマークを編集・整理したりできます。

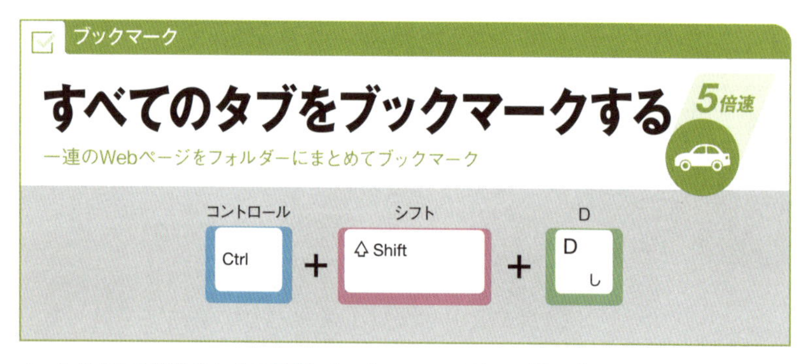

ブックマーク
すべてのタブをブックマークする
一連のWebページをフォルダーにまとめてブックマーク
5倍速
コントロール
Ctrl
シフト
Shift
D
D
し

ウィンドウ内の複数のタブで表示しているWebページを、一括でブックマークします。ブックマーク内に新しいフォルダーを作成し、その中に保存されます。

Chromeメニューを開く

2倍速

各種設定メニューにすばやくアクセス

Chromeの各種設定を行う[Chromeメニュー]を開きます。Alt+Eでも同様です。メニュー内の項目は↑↓←→で選択、Enterで実行できます。

Alt＋Fを押す

Chromeメニューが表示された

↑↓←→で項目を選択し、Enterで実行できる

ポイント

● Chromeが起動した状態でF10を押すと、Chromeメニューのボタンを選択した状態になります。続けてEnterを押してもChromeメニューを表示できます。

履歴画面を表示する

過去に見たページやほかの端末で見たページを一覧表示

5倍速
コントロール
H
Ctrl
+
H
く

過去に表示したWebページを表示する［履歴］画面が表示されます。閲覧履歴を一覧で確認できるほか、検索も可能です。Hは“History”と覚えましょう。

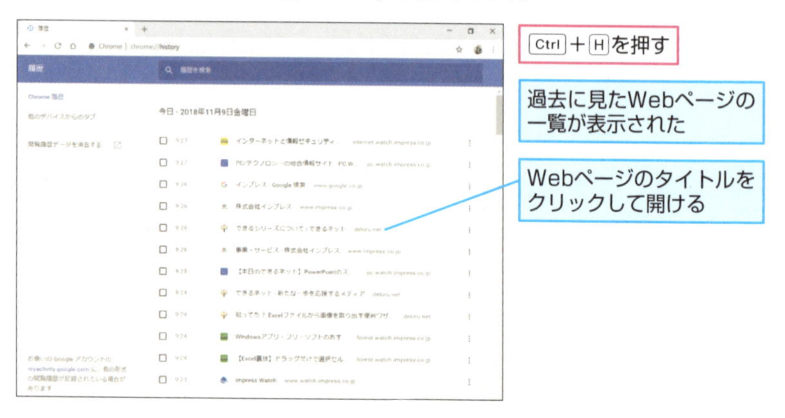
Ctrl＋Hを押す
過去に見たWebページの一覧が表示された
Webページのタイトルをクリックして開ける

ポイント

- ［履歴］画面で［他のデバイスからのタブ］をクリックすると、同じGoogleアカウントでログインしているほかのパソコンやスマートフォンで開いたWebページが表示されます。

ダウンロード

ダウンロード画面を表示する

4倍速

ダウンロード中のファイルの経過や履歴を表示

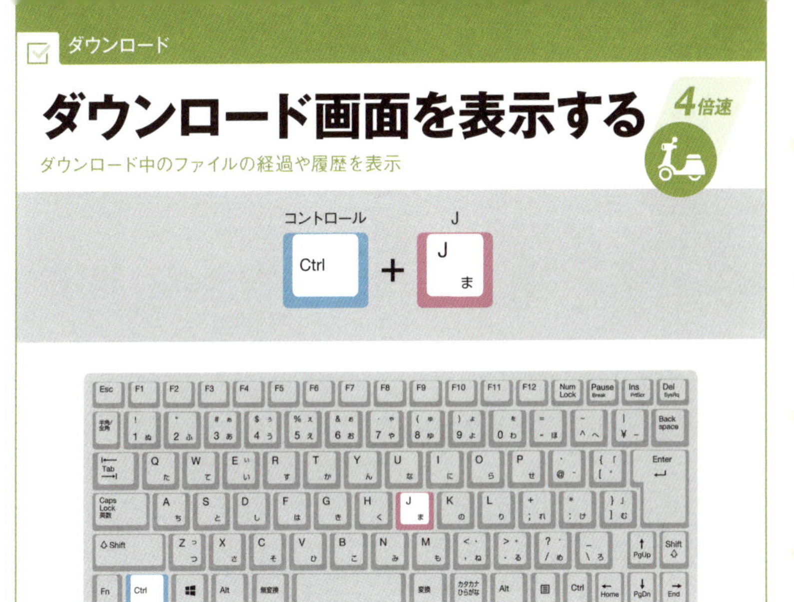

Webサイトからダウンロードしているファイルの経過や、過去にダウンロードしたファイルの履歴を参照します。新しいタブが開いて表示されます。

Ctrl + J を押す

ダウンロードしたファイルの一覧が新しいタブで表示された

ダウンロード　ダウンロード検索

今日

040324-4.pdf
https://www.mhlw.go.jp/new-info/kobetu/roudou/gyousei/kantoku/dl/040324-4.pdf
フォルダを開く

u-katsu03.pdf
https://www.cas.go.jp/jp/gaiyou/jimu/jinjikyoku/files/u-katsu03.pdf
フォルダを開く

cs20170704.pdf
https://www.nri.com/~/media/PDF/jp/opinion/teiki/chiteki shisan/cs201707/cs20170704
フォルダを開く

042-051.pdf
https://www.jil.go.jp/institute/zassi/backnumber/2017/special/pdf/042-051.pdf
フォルダを開く

ポイント

- ダウンロード画面では、Tab と Shift + Tab でカーソルを移動でき、ファイル名を選択して Enter を押すとファイルを開けます。[フォルダを開く] を選択すると、ファイルが保存されているフォルダーが開きます。

ページ内を検索する

ニュース記事などにある特定のキーワードをすばやく探せる

4倍速

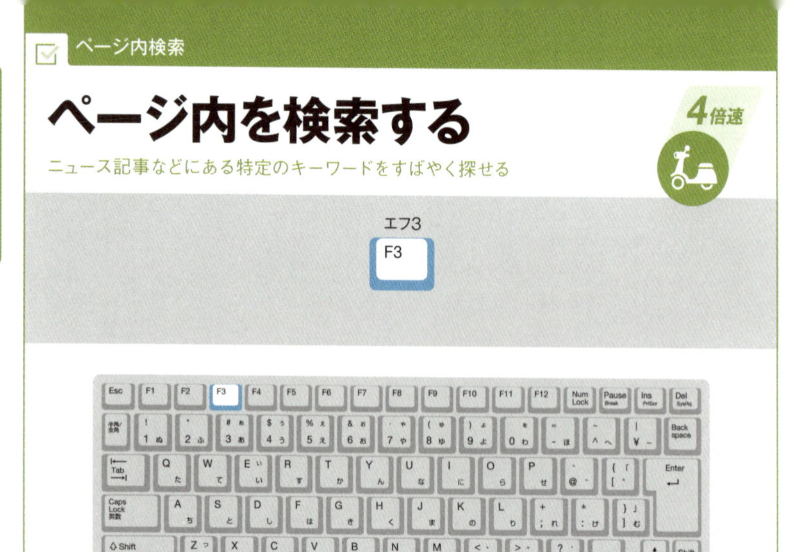
エフ3
F3

表示中のWebページの中にあるキーワードを検索します。Ctrl+Fでも同様です。検索するキーワードを入力してEnterを押すとページ内検索が実行され、該当するキーワードがハイライト表示されます。

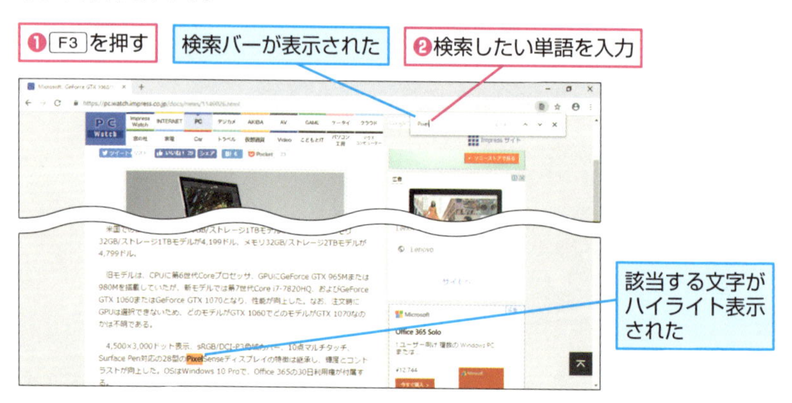
❶F3を押す
検索バーが表示された
❷検索したい単語を入力
該当する文字がハイライト表示された

ポイント

●検索バーに現れる「1/4」などの数字は、ページ内のキーワードの数と、ハイライト中の文字がそのうちの何番目であるかを示しています。Enterを押すたびにハイライト表示する文字が移動します。

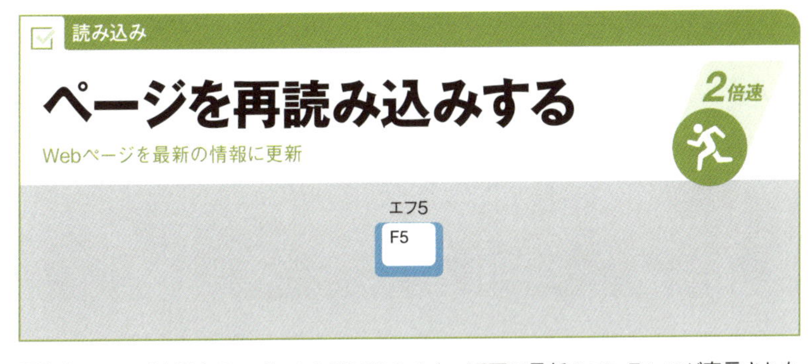

閲覧中のページを再度サーバーから読み込みます。画面に最新のコンテンツが表示されないときに試してみましょう。Ctrl＋Rでも同様です。

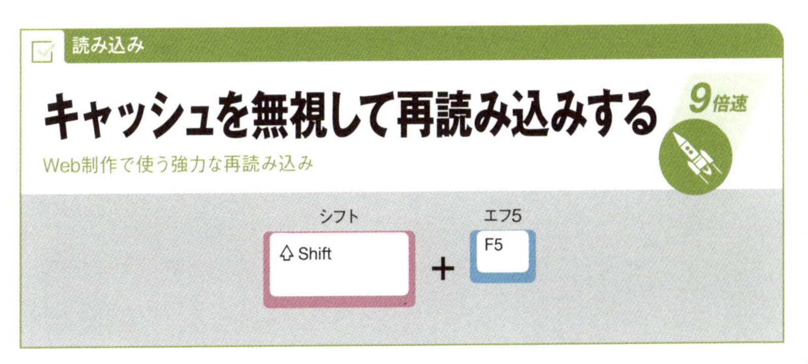

キャッシュ（パソコンに保存された情報）を無視して、サーバーからコンテンツを再取得します。Webページの制作中、更新した画像が反映されないときなどに使用します。

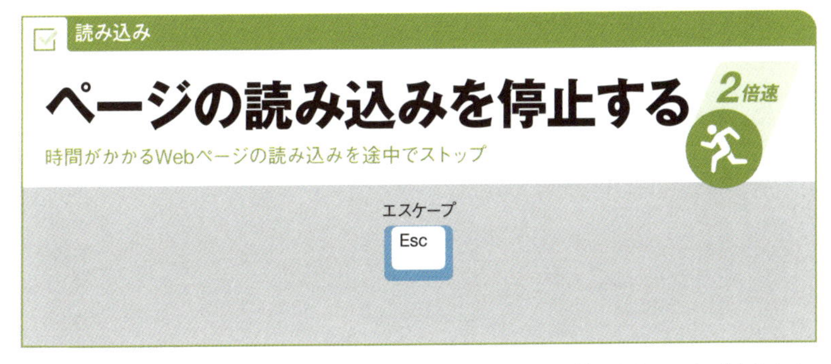

コンテンツの容量が大きい場合、ページの読み込みがなかなか終わらないことがあります。Escを押すと、途中でコンテンツのダウンロードを中止します。

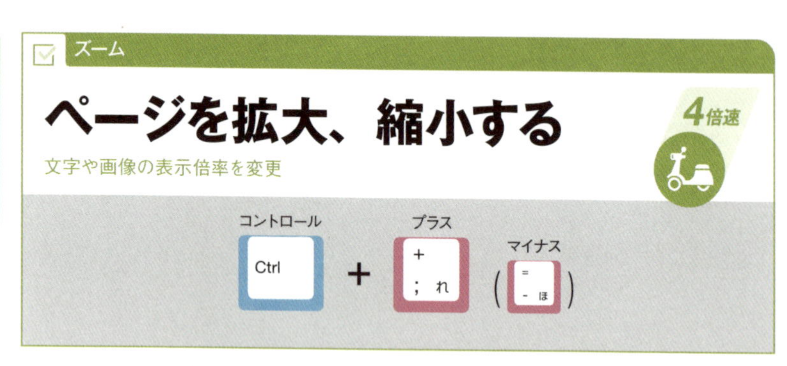

表示中のWebページを拡大／縮小します。このとき表示倍率を示すダイアログボックスが表示され、アドレスバーには虫メガネのアイコンが表示されます。

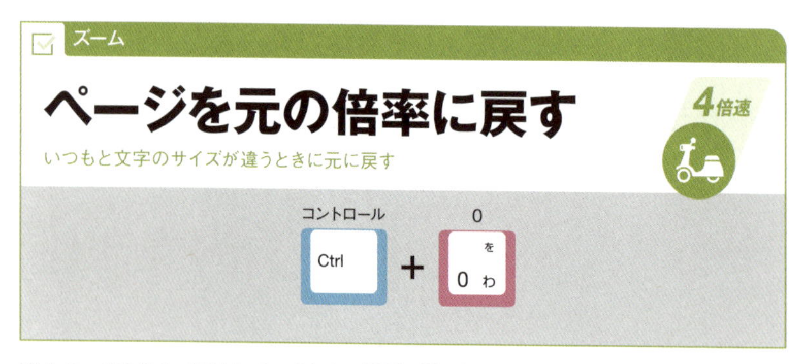

Webページを拡大／縮小しているときにCtrl＋0を押すと、倍率を100%に戻せます。

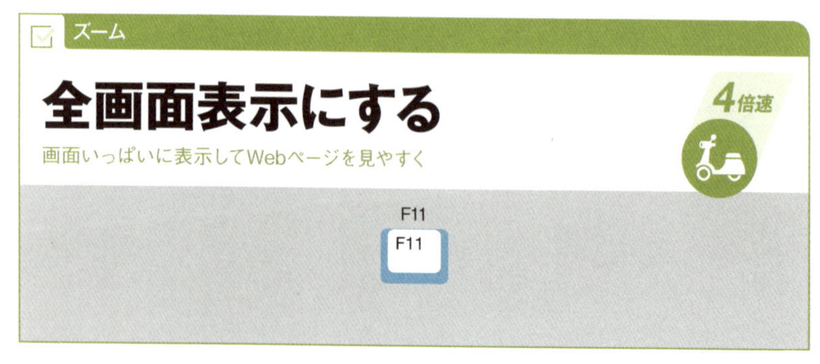

Webページを全画面表示します。プレゼンでWebページを見せたいときなどに便利です。再度押すと元のサイズに戻ります。

Gmail編

Gmailのショートカットキーは、一部を除き設定を有効にしないと機能しません。ショートカットキーを有効にする方法は、201ページの付録を参照してください。

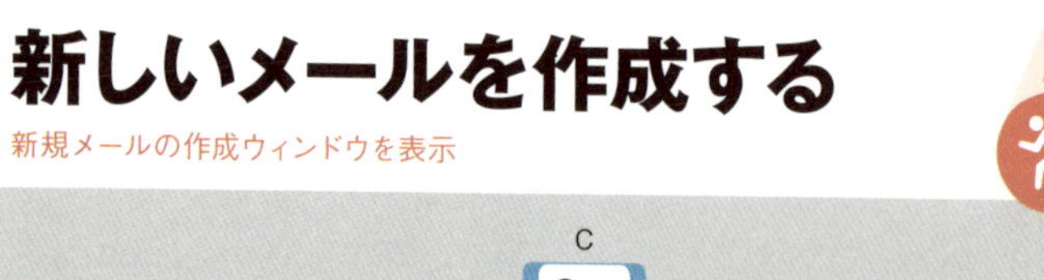

新しいメールを作成する

2倍速

新規メールの作成ウィンドウを表示

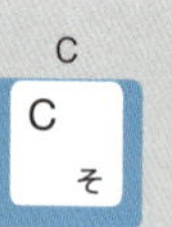

新規メールの作成ウィンドウを表示します。[To] に宛先を入力して Tab を押すと件名に、再度 Tab を押すと本文にカーソルが移動します。C は“Create”と覚えましょう。

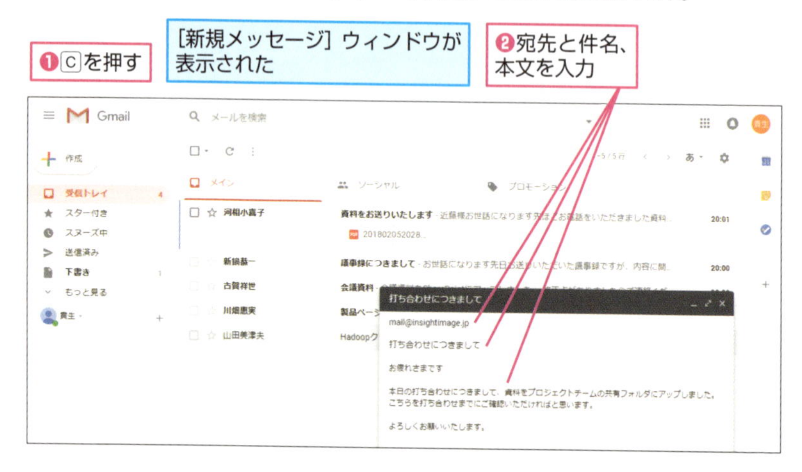

ポイント

- 作成したメールを下書きとして保存するには Esc を押します。メールの作成ウィンドウが閉じ、下書きとしてメールが保存されます。

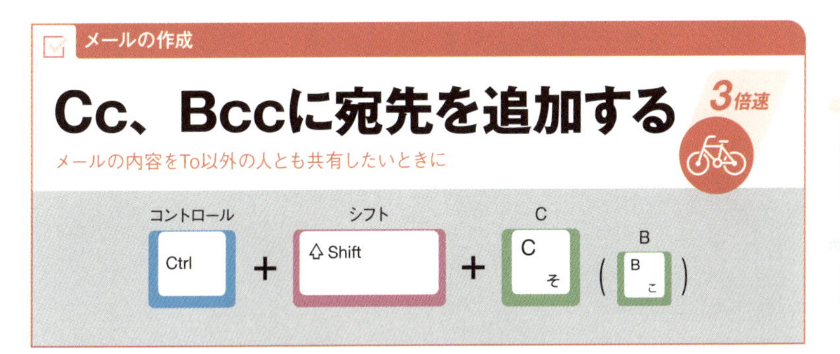

メール作成中に[Ctrl]+[Shift]+[C]を押すとカーソルが[Cc]欄に、[Ctrl]+[Shift]+[B]では[Bcc]欄に移動し、メールアドレスを入力できます。

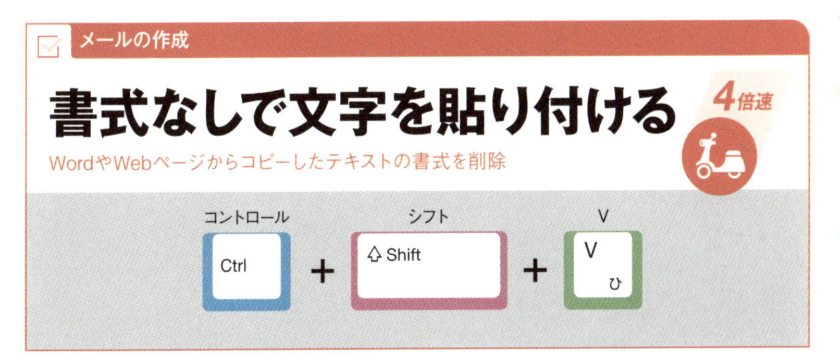

書式設定されているテキストをメールに貼り付けると、書式がそのまま反映されてしまうことがあります。[Ctrl]+[Shift]+[V]を押せば、書式なしで貼り付けられます。

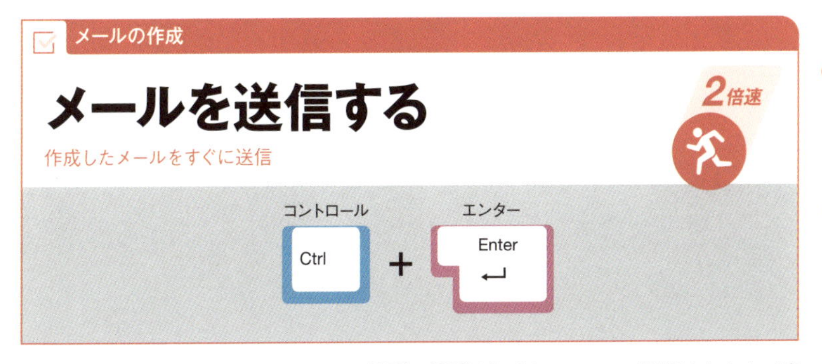

件名または本文にカーソルがある状態で[Ctrl]+[Enter]を押すと、メールが送信されます。確認のダイアログボックスは表示されず、すぐに送信されるので注意しましょう。

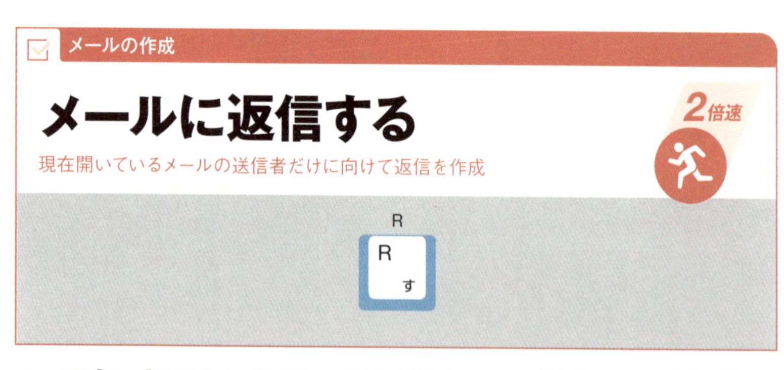

メールの[From]にあるメールアドレスだけに返信するメールを作成します。Shift+Rを押すと、新しいウィンドウで返信メールを作成できます。Rは“Reply”と覚えましょう。

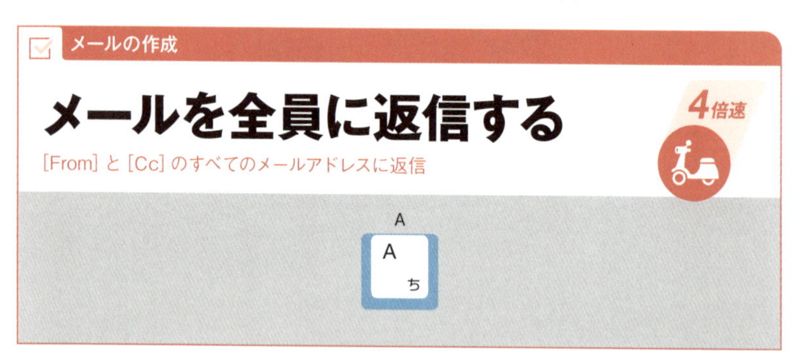

[From]と[Cc]に含まれるメールアドレスに返信できます。Shift+Aを押すと、新しいウィンドウで返信メールを作成できます。Aは“All”と覚えましょう。

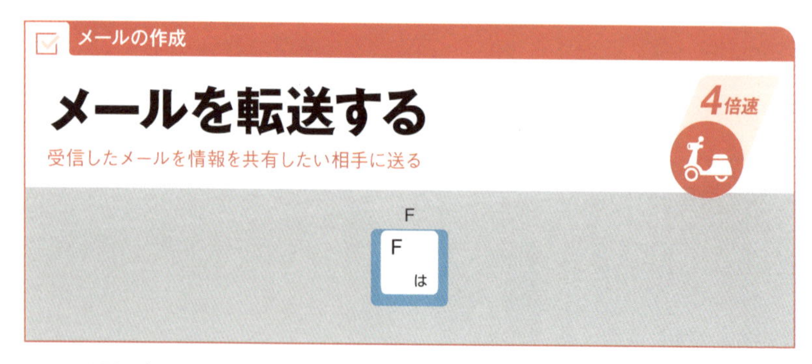

メールを別の宛先に転送します。このとき添付ファイルも転送されます。Shift+Fを押すと、新しいウィンドウで転送メールを作成できます。Fは“Forward”と覚えましょう。

メールやスレッドを開く

3倍速

キー操作だけでメールを次々に読める

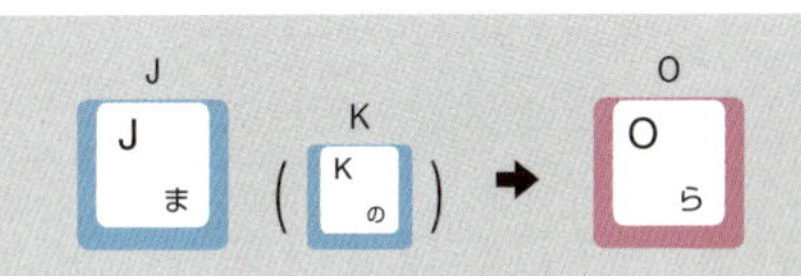

Gmailでは、最初に受信したメールと返信・転送されたメールが「スレッド」として1つにまとめられます。［受信トレイ］などの一覧でJKを押すとカーソルが移動し、Oを押すとメールやスレッドを開きます。↑↓とEnterでも同様です。なお、スレッドを開いた状態ではJで前のスレッド、Kで次のスレッドを表示できます。

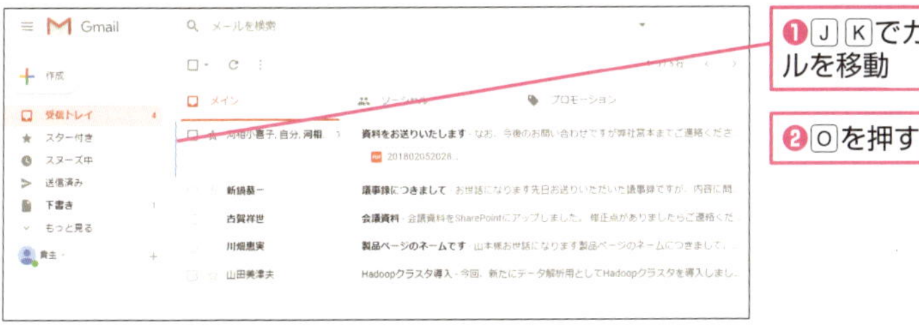

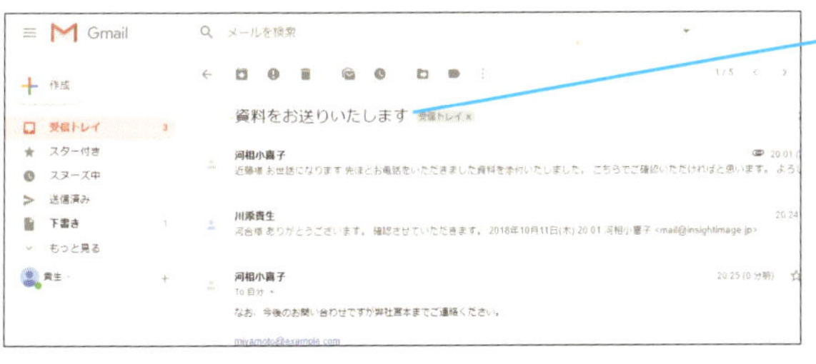

スレッド内のメールを開く

目的のメールをスレッドの中からすばやく探し出す

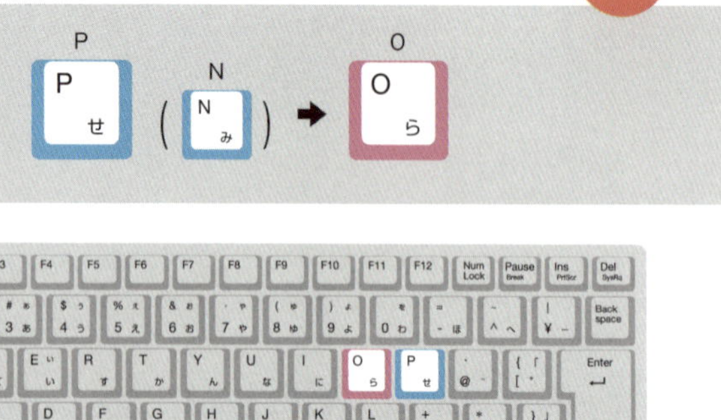

スレッドを開いているときに[P]でスレッド内の前のメールに、[N]で次のメールにカーソルを移動します。目的のメールに移動したら[O]を押してメールを開きます。

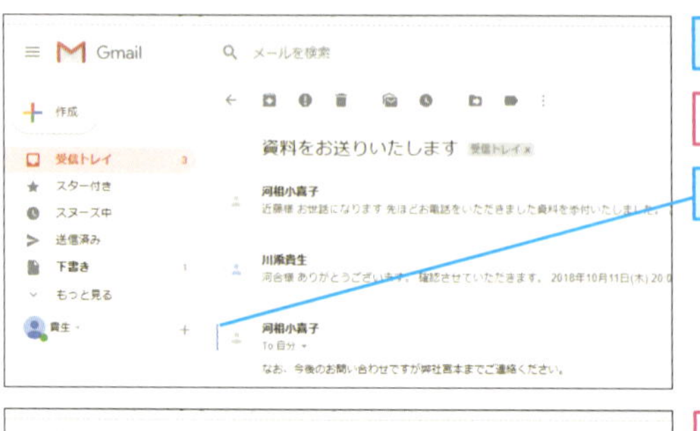

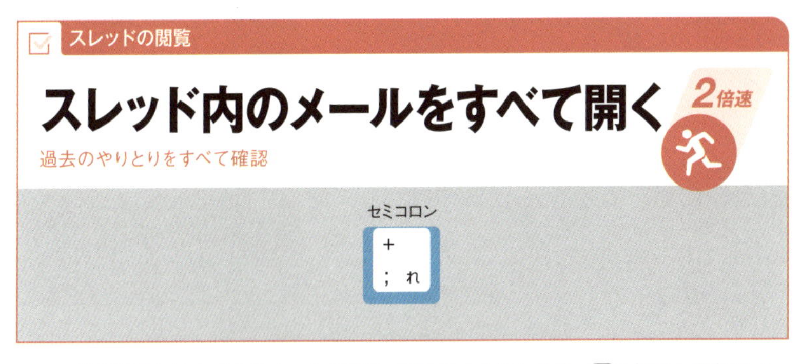

スレッドの閲覧
スレッド内のメールをすべて開く
過去のやりとりをすべて確認
2倍速
セミコロン
+
; れ

スレッドの表示中にすべてのメールを開き、読めるようにします。[:]を押すと最新のメール以外を閉じ、コンパクトに表示します。

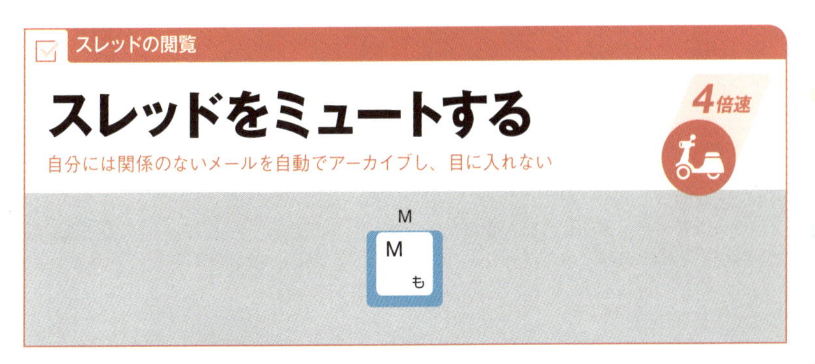

スレッドの閲覧
スレッドをミュートする
自分には関係のないメールを自動でアーカイブし、目に入れない
4倍速
M
M
も

スレッドへの返信などを自動的にアーカイブして、今後は見ないようにします。[すべてのメール]からそのスレッドを表示し、[受信トレイに移動]をクリックすると解除できます。

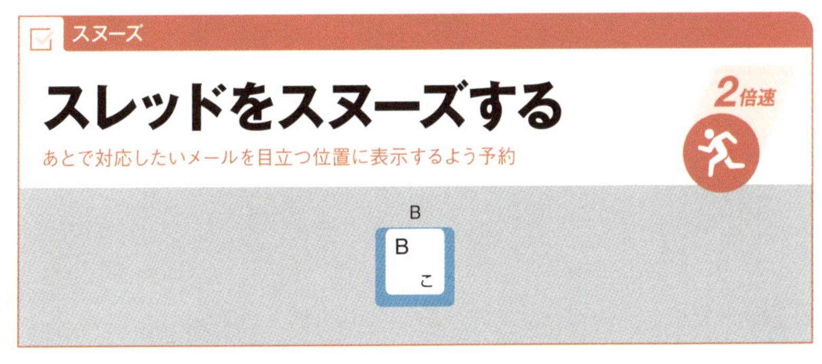

スヌーズ
スレッドをスヌーズする
あとで対応したいメールを目立つ位置に表示するよう予約
2倍速
B
B
こ

開いているスレッド、または一覧で選択したスレッドを、指定した日時に[受信トレイ]の最上部に表示して、目立たせるようにします。

メールにスターを付ける

あとで読み返したい重要なメールを目立たせる

S

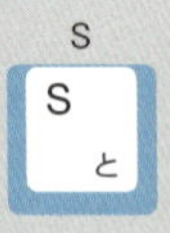

スレッドの表示中、メールにカーソルを合わせて[S]を押すと、スターを付けて目立たせることができます。再度[S]を押すとスターがはずれます。[S]は"Star"と覚えましょう。

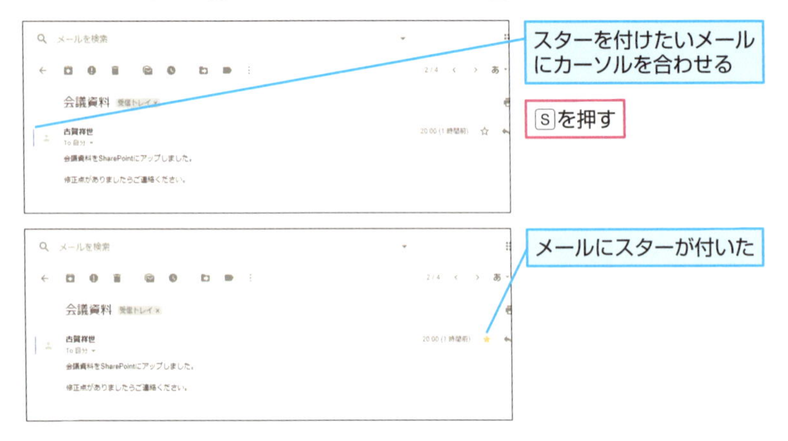

ポイント

● スターは重要なメールやあとで読み返したいメールを目立たせる機能で、メール単位で付けられます。このショートカットキーを[受信トレイ]などの一覧で押すと、カーソルを合わせたスレッド内の最新のメールにスターが付きます。

スレッドにラベルを付ける

ラベルを付けてスレッドを分類

4倍速

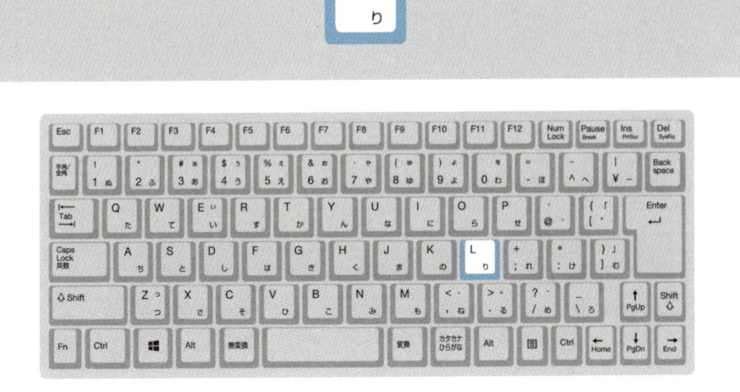
L
L
り

スレッドにラベルを付けるメニューが表示されます。↑↓を押してラベルを選択し、Enterでラベルを付けます。Lは“Label”と覚えましょう。

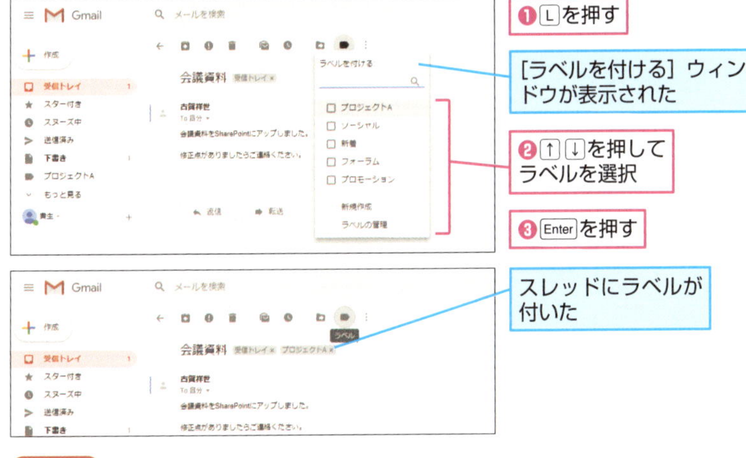
❶Lを押す
[ラベルを付ける] ウィンドウが表示された
❷↑↓を押して
ラベルを選択
❸Enterを押す
スレッドにラベルが付いた

ポイント

- G→Lの順に押すと、検索ボックスでラベルを検索できる状態になります。
- ラベル名のチェックマークをはずすと、ラベルを削除できます。

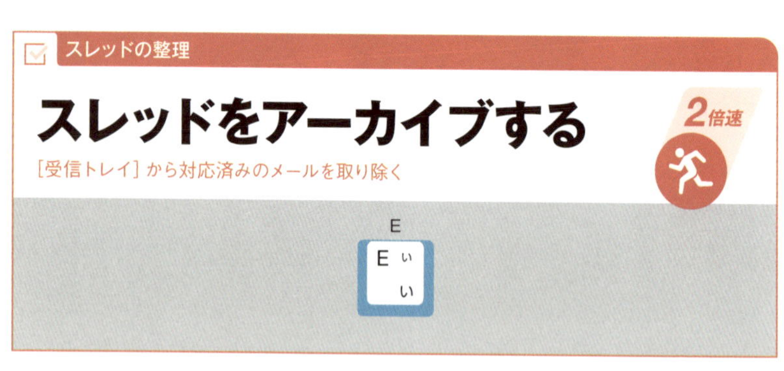

スレッドの整理
スレッドをアーカイブする
[受信トレイ]から対応済みのメールを取り除く
2倍速
E
E い
い

開いているスレッド、または一覧で選択したスレッドを[受信トレイ]から消します。アーカイブしても削除されるわけではなく[すべてのメール]から確認でき、検索も可能です。

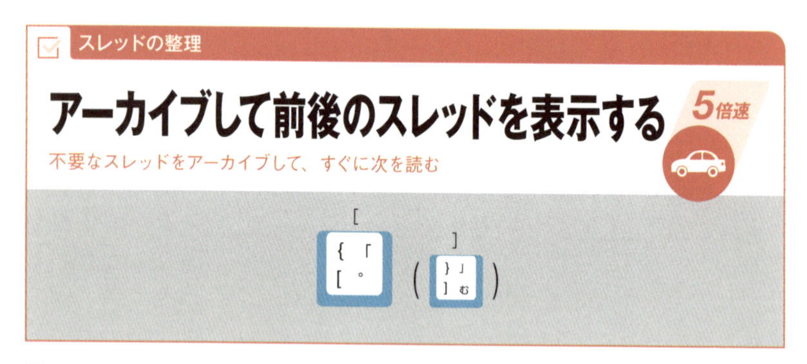

スレッドの整理
アーカイブして前後のスレッドを表示する
不要なスレッドをアーカイブして、すぐに次を読む
5倍速
[
]

開いているスレッドをアーカイブして、[では前の、]では次のスレッドを表示します。次々とメールを読み進めながら、不要なスレッドをアーカイブしていけます。

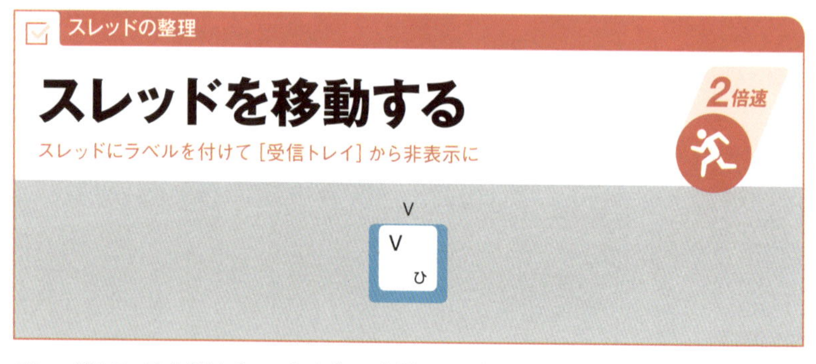

スレッドの整理
スレッドを移動する
スレッドにラベルを付けて[受信トレイ]から非表示に
2倍速
V
V
ひ

スレッドにラベルを付けてアーカイブし、[受信トレイ]から移動した形にします。移動先は各ラベルと[迷惑メール][ゴミ箱]から選択できます。

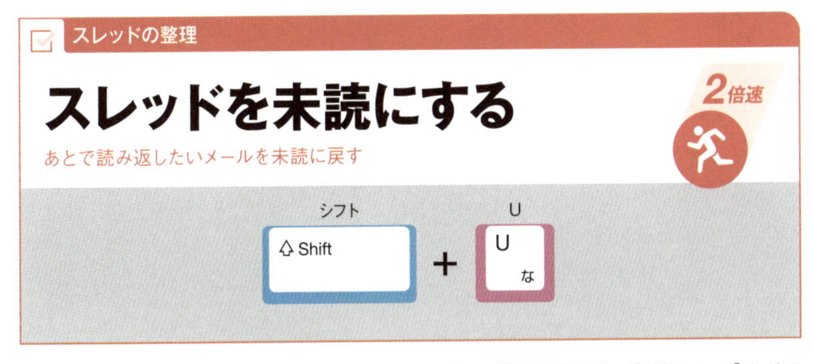

開いているスレッドを未読の状態にして、スレッドの一覧に戻ります。[受信トレイ]などの一覧で、選択したスレッドを未読にすることもできます。Uは"Unread"と覚えましょう。

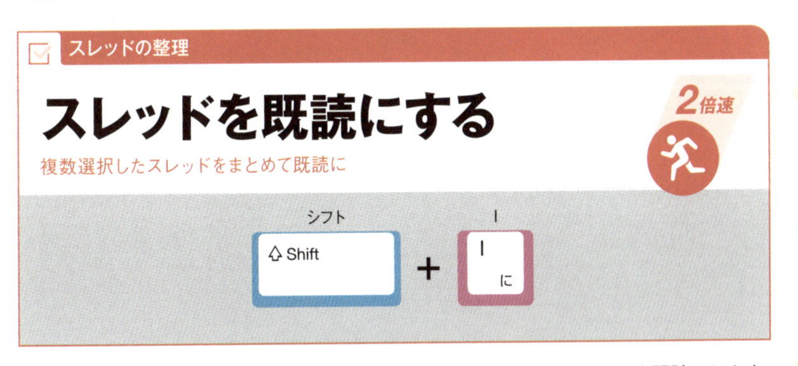

スレッドの整理
スレッドを既読にする
複数選択したスレッドをまとめて既読に
2倍速
シフト
I
Shift
I
に

一覧でスレッドを選択してからこのキーを押すと、未読になっているメールを既読にします。件名だけで内容を把握できるメールを既読にしたいときなどに便利です。

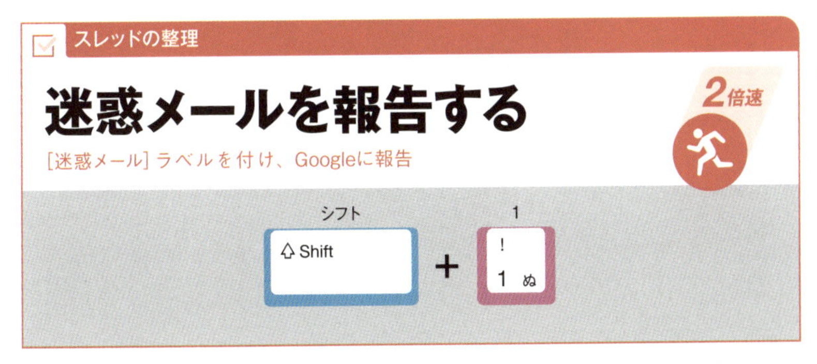

スレッドの整理
迷惑メールを報告する
[迷惑メール] ラベルを付け、Googleに報告
2倍速
シフト
1
Shift
!
1 ぬ

迷惑メールだと判定されず [受信トレイ] に残ってしまったメールに「迷惑メール」ラベルを付け、[受信トレイ]から消します。同時にGoogleへの報告も行います。

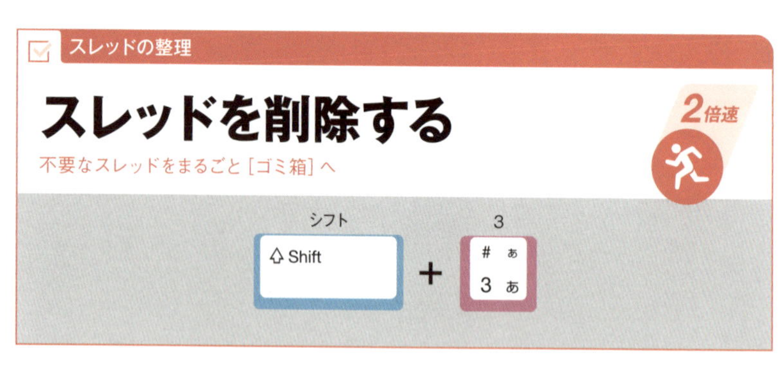

スレッドの整理
スレッドを削除する
不要なスレッドをまるごと［ゴミ箱］へ
2倍速
シフト
Shift
3
ぁ
3 あ

開いているスレッド、または一覧で選択したスレッドを［ゴミ箱］に移動します。［ゴミ箱］に移動したスレッドは30日後に完全に削除されます。

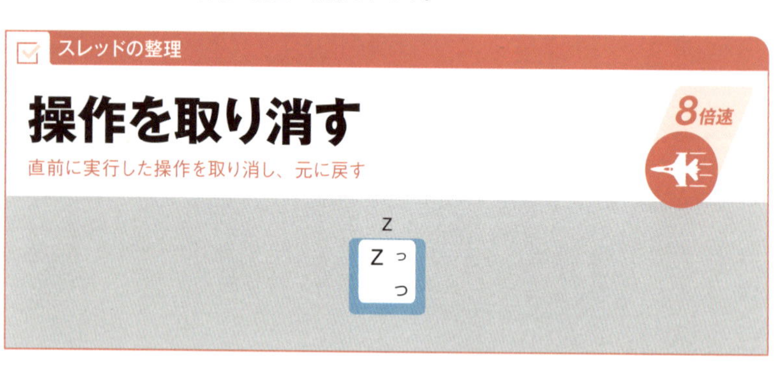

スレッドの整理
操作を取り消す
直前に実行した操作を取り消し、元に戻す
8倍速
Z
Z っ
つ

ラベルの設定やスレッドのアーカイブ、迷惑メールの報告、削除など、直前に実行した操作を取り消します。

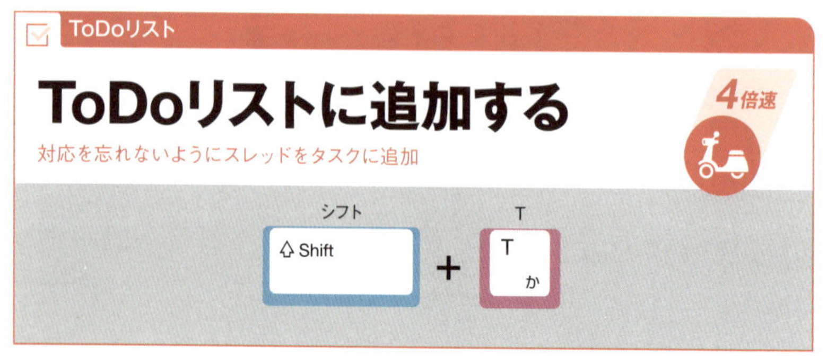

ToDoリスト
ToDoリストに追加する
対応を忘れないようにスレッドをタスクに追加
4倍速
シフト
Shift
T
T
か

スレッドからToDoリストのタスクを作成します。タイトルはスレッドの件名になり、スレッドへのリンクも設定されます。期限を設定する場合は、別途タスクを編集します。

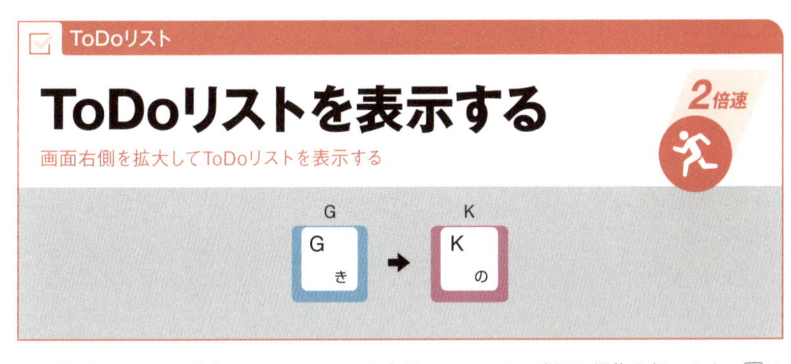

ToDoリスト
ToDoリストを表示する
画面右側を拡大してToDoリストを表示する
2倍速
G
G
き
K
K
の

画面右側のエリアを拡大してToDoリストを表示し、タスクの確認や編集を行います。Gは“Go”、Kは“Task”の末尾の“K”と覚えましょう。

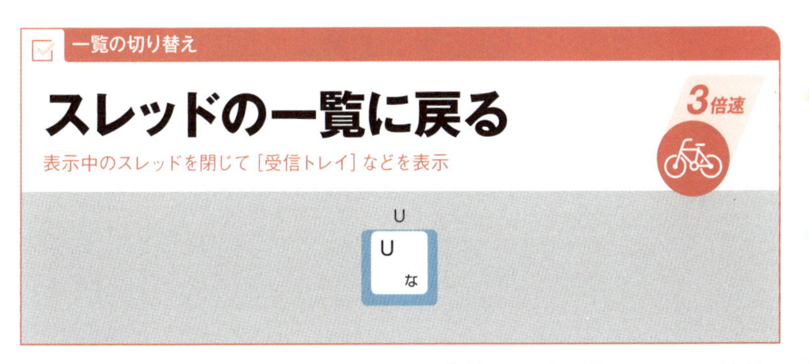

一覧の切り替え
スレッドの一覧に戻る
表示中のスレッドを閉じて［受信トレイ］などを表示
3倍速
U
U
な

スレッドを開いた画面から、その前に表示していた[受信トレイ]や[すべてのメール]などの一覧に戻ります。

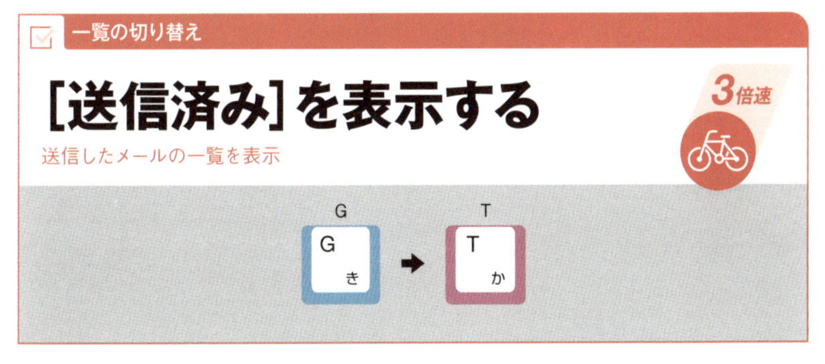

一覧の切り替え
[送信済み]を表示する
送信したメールの一覧を表示
3倍速
G
G
き
T
T
か

［送信済］の一覧を表示し、自分が過去に送信したメールを確認できます。Gは“Go”、Tは“Sent”の末尾の“T”と覚えましょう。

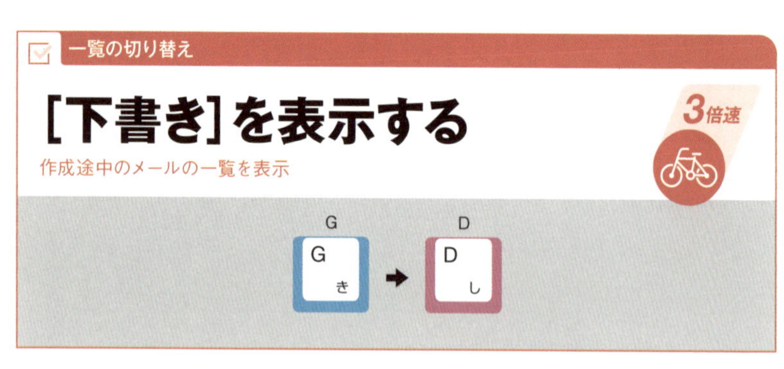

一覧の切り替え
[下書き]を表示する
作成途中のメールの一覧を表示
3倍速
G
D
G き
D し

[下書き]に保存されている、未送信の下書きメールの一覧を表示します。Gは“Go”、Dは“Draft”と覚えましょう。

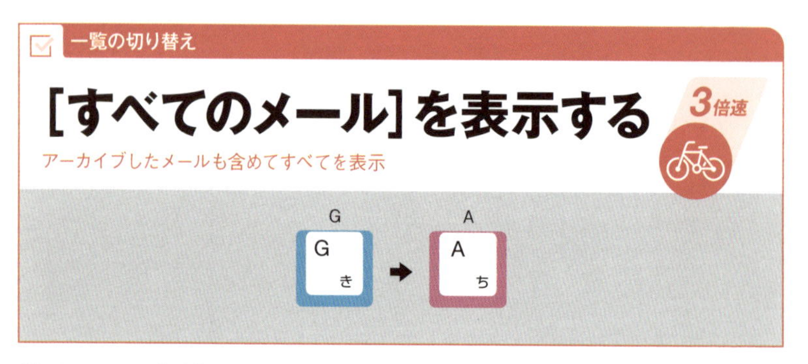

一覧の切り替え
[すべてのメール]を表示する
アーカイブしたメールも含めてすべてを表示
3倍速
G
A
G き
A ち

[すべてのメール]が表示され、アーカイブやミュートしたスレッドを含むすべてのメールを確認できます。Gは“Go”、Aは“All”と覚えましょう。

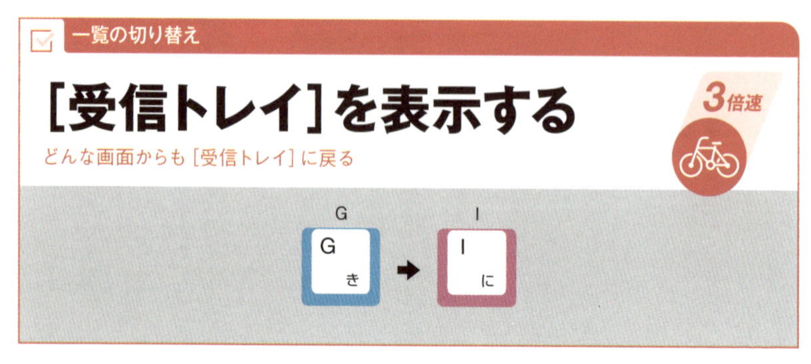

一覧の切り替え
[受信トレイ]を表示する
どんな画面からも[受信トレイ]に戻る
3倍速
G
I
G き
I に

[受信トレイ]を表示します。Gは“Go”、Iは“Inbox”と覚えましょう。

スレッドを選択する

一覧で複数のスレッドを選択し、まとめて操作

2倍速

X

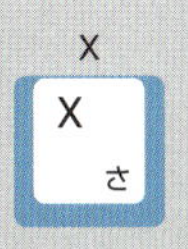
X
さ

一覧にあるスレッドにチェックマークを付け、選択した状態にします。続けてJ K、または↑↓を押してカーソルを移動し、再度Xを押せば複数選択できます。

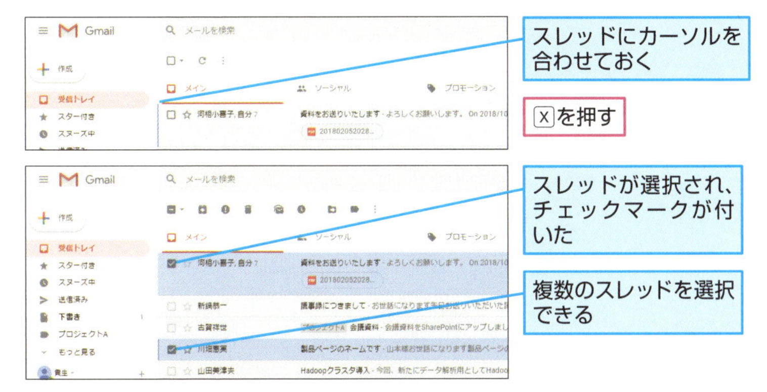
スレッドにカーソルを合わせておく
Xを押す
スレッドが選択され、チェックマークが付いた
複数のスレッドを選択できる

便利な組み合わせ 選択した複数のスレッドを整理

スレッドにラベルを付ける L ……… P.181
スレッドをアーカイブする E ……… P.182

未読のスレッドを選択する

まだ読んでいないメールをまとめて整理

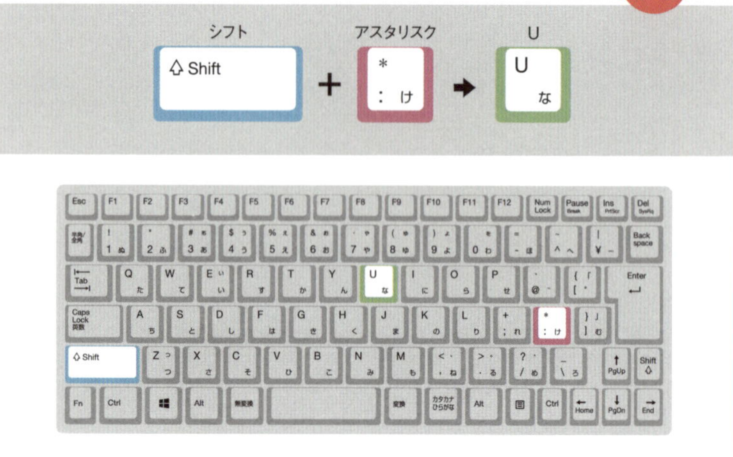

一覧に表示されている、未読のスレッドだけを選択します。[*]は選択した状態、[U]は"Unread"と覚えましょう。既読のスレッドだけを選択したい場合は[Shift]+[*]→[R]の順で押します。

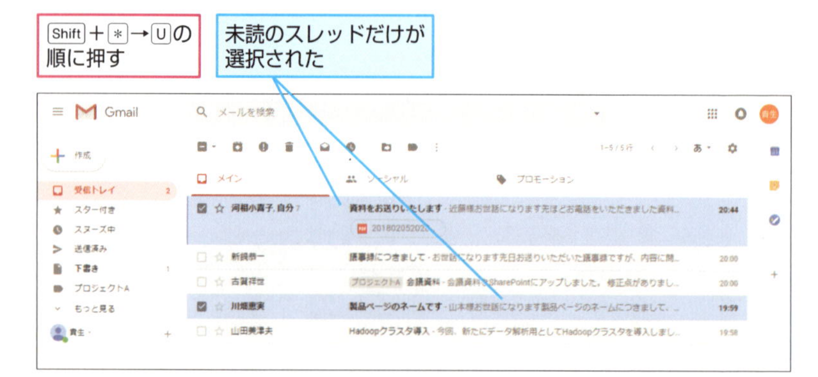

便利な組み合わせ　未読のスレッドをまとめて既読にする

スレッドを既読にする [Shift] + [I] ……… P.183

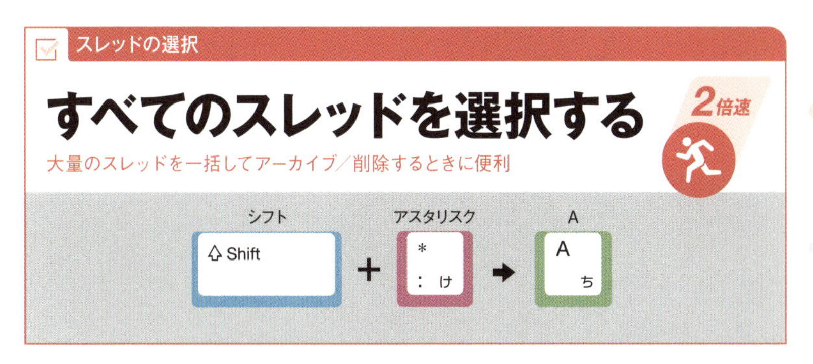

一覧に表示されている、すべてのスレッドを選択します。*は選択した状態、Aは“All”と覚えましょう。

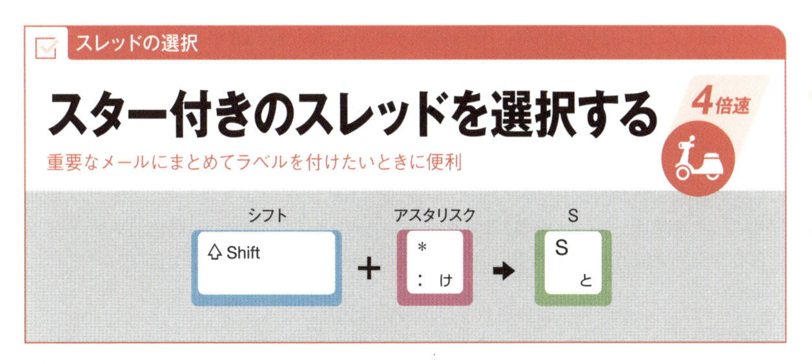

は選択した状態、Sは“Star”と覚えましょう。スターが付いていないスレッドだけを選択するには、Shift+→Tの順に押します。

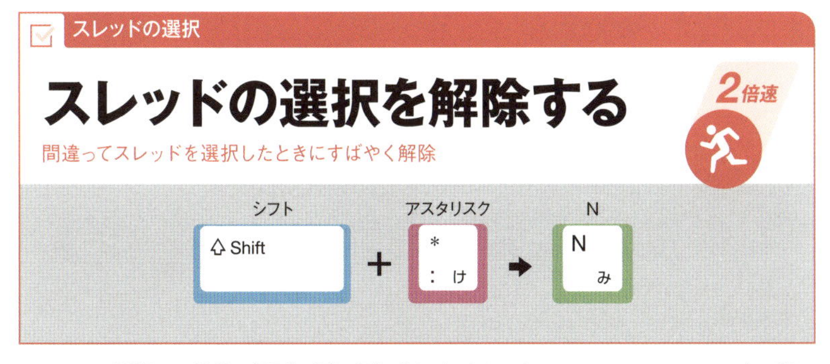

スレッドを選択した状態でShift+*→Nの順に押すと、すべてのチェックマークがはずれ、選択を解除します。

メールを検索する

マウスを使わずにすばやく検索ボックスを表示

スラッシュ

検索ボックスにカーソルが移動します。キーワードを入力してEnterを押すと、キーワードに該当するメールが一覧表示されます。

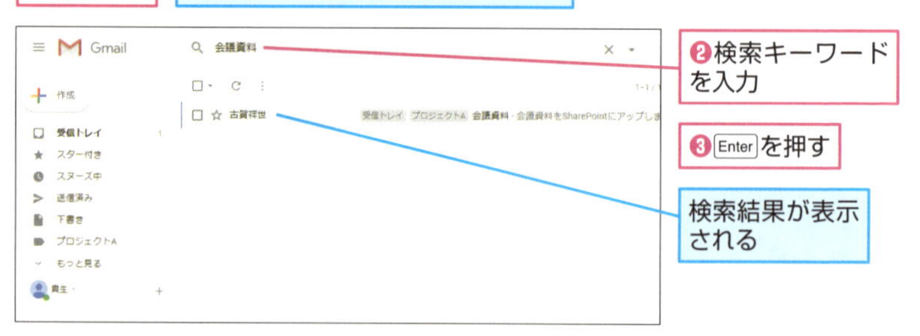

ポイント

● 検索ボックスにカーソルを移動したあとにTab→Enterの順に押すと、より詳細な検索ができる検索オプションを表示できます。また、キーワードを入力してShift＋Enterを押すと、そのキーワードによるWeb検索の結果が新規ウィンドウで表示されます。

Google
カレンダー編

予定を作成する

タイトルや日時、場所などを入力する作成画面を開く

C

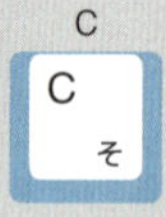

新規予定の作成画面が開きます。予定の入力が完了したら[Ctrl]+[S]を押すと予定を保存できます。[C]は“Create”と覚えましょう。

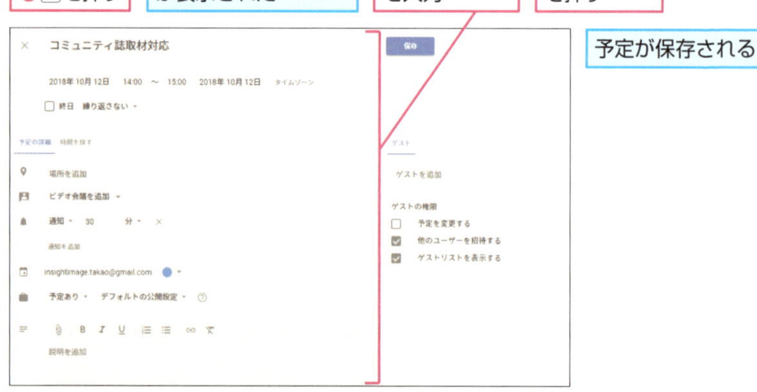

ポイント

- 項目間は[Tab]または[Shift]+[Tab]で移動します。作成のキャンセルは[Esc]を押します。
- [Q]または[Shift]+[C]で、コンパクトな作成ウィンドウを表示できます。

前後の期間を表示する

カレンダーの表示期間を次週、前週などに変更

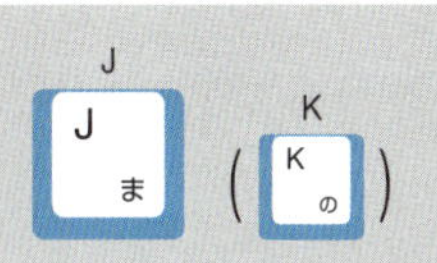

Jで次の期間([週]ビューの場合は次週)に、Kで前の期間([週]ビューの場合は前週)に表示が切り替わります。NPでも同様です。

[週]ビューを表示しておく

Jを押す

次週の予定が表示された

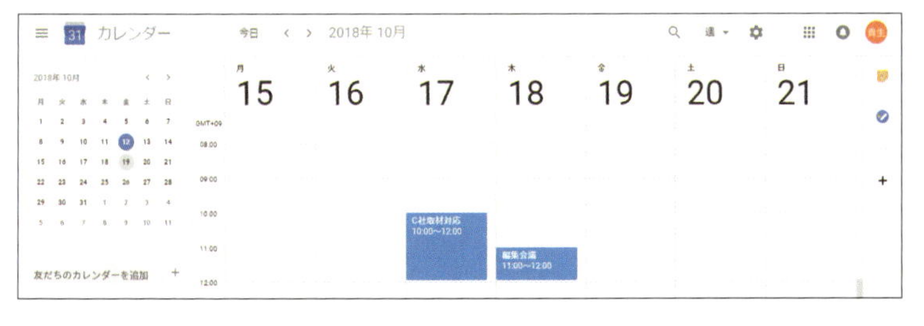

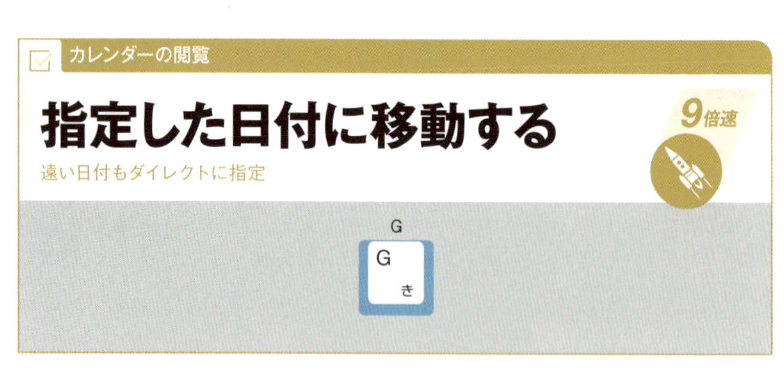

[指定した日付に移動]ウィンドウを表示します。「2027年12月1日」「2027/12/1」のように入力して、はるか未来や昔の日付のカレンダーを表示できます。

今日の日付を含む期間に戻ります。[スケジュール] ビューでは今日の予定がない場合、今日以降で予定がある日に移動します。Tは“Today”と覚えましょう。

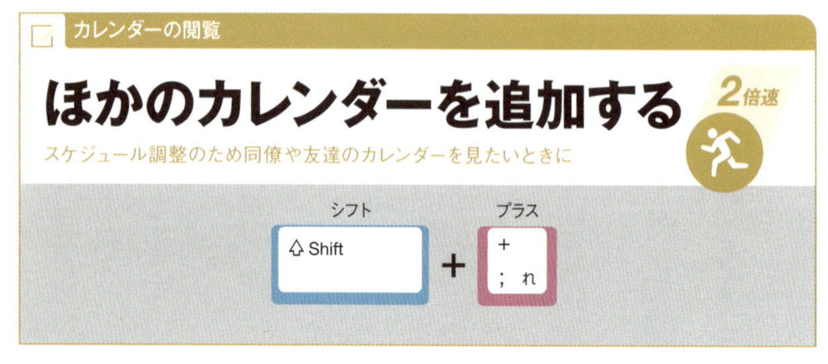

[友だち（企業向けでは「同僚」）のカレンダーを追加] 欄にカーソルが移動します。相手の名前またはメールアドレスから共有されたカレンダーを検索し、確認できます。

[月] ビューに切り替える

1カ月分の予定をまとめて確認

M

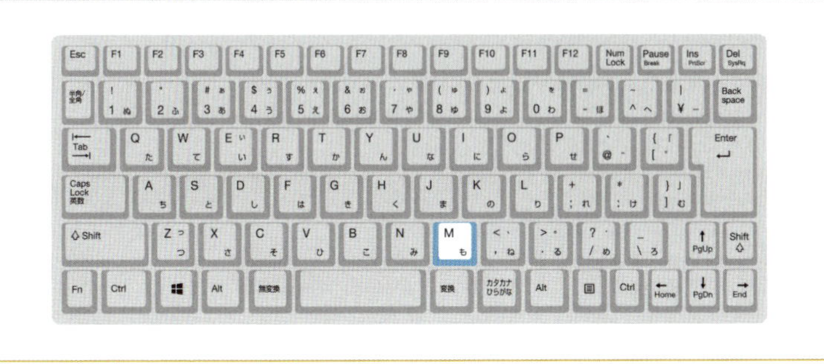

1カ月分のカレンダーを表示する[月]ビューに切り替えます。Mは“Month”と覚えましょう。3でも同様です。

週の予定が表示されている

Mを押す

月の予定が表示された

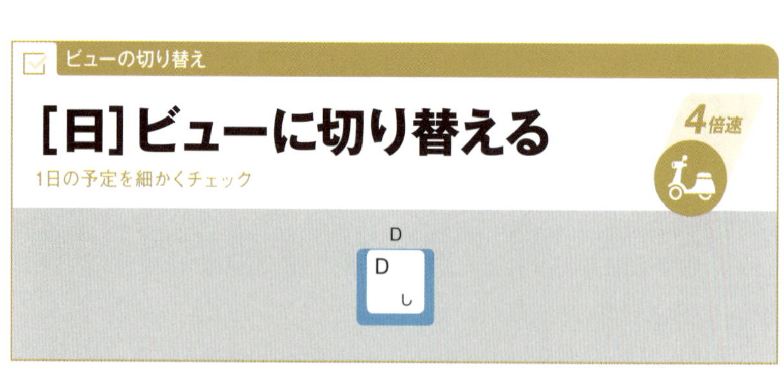

ビューの切り替え
[日]ビューに切り替える
4倍速
1日の予定を細かくチェック
D
D
し

1日のスケジュールを時間単位で表示します。Dは“Day”と覚えましょう。1でも同様です。[日]ビューでは、スケジュール上の現在時刻の位置に赤い線が引かれます。

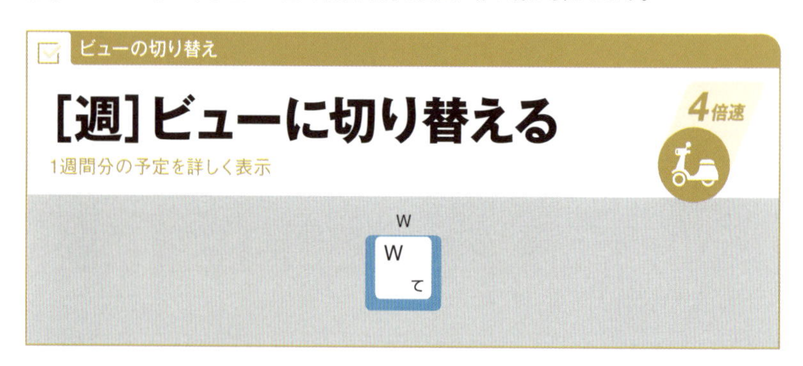

ビューの切り替え
[週]ビューに切り替える
4倍速
1週間分の予定を詳しく表示
W
W
て

1週間のカレンダーを表示します。Wは“Week”と覚えましょう。2でも同様です。[設定]にある[週の始まり]で開始する曜日を変更できます。

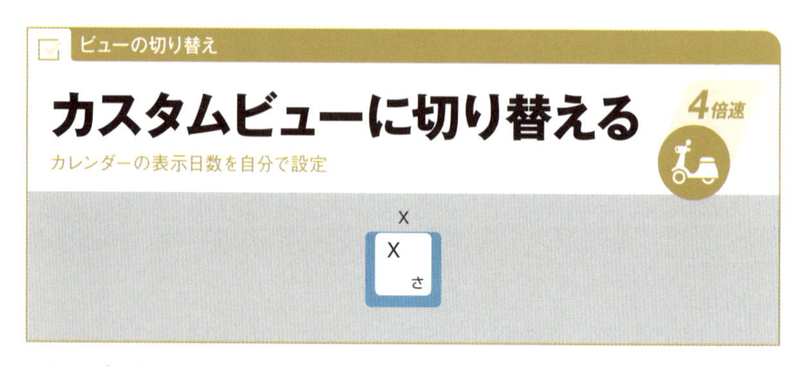

ビューの切り替え
カスタムビューに切り替える
4倍速
カレンダーの表示日数を自分で設定
X
X
さ

標準では[4日]に設定されているカスタムビューに切り替えます。4でも同様です。[設定]にある[カスタムビューの設定]で、最短で2日分、最大で4週間分に表示日数を変更できます。

[スケジュール] ビューに切り替える

4倍速

登録した予定をリスト形式で表示

A

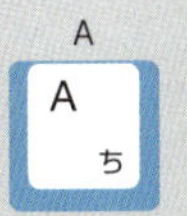

すべての予定がリスト形式で表示される [スケジュール] ビューに切り替えます。5でも同様です。JKで前後の日付の予定に、Tで今日の予定に移動できます。また、以下の操作で予定の詳細を確認できます。

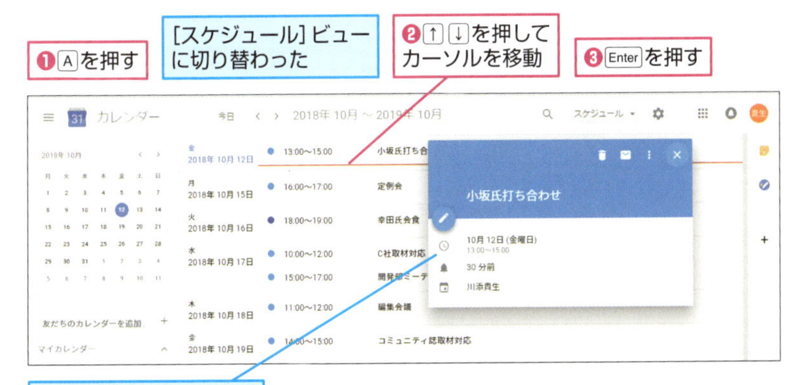

ポイント

- Yを押すと [年] ビューに切り替わります。↑↓←→で日を選択し、Enterでその日の予定を確認できます。

予定を編集する

リストから選択した予定の日時、場所などを修正

E

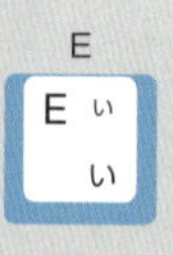

［スケジュール］ビューで予定にカーソルを合わせてEを押すと、予定の編集画面が表示されます。日時や場所、参加者などを修正できます。Eは“Edit”と覚えましょう。

［スケジュール］ビューで詳細を確認したい予定を選択しておく

Eを押す

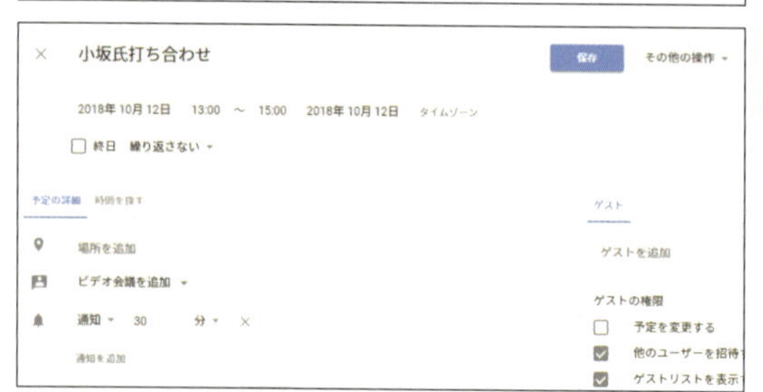

予定の編集画面が表示された

予定を削除する

キャンセルになった予定を簡単に削除

バックスペース

Back space

[スケジュール] ビューで予定にカーソルを合わせて Back space を押すと予定を削除できます。Delete でも同様です。削除した直後に Z を押せば元に戻せます。

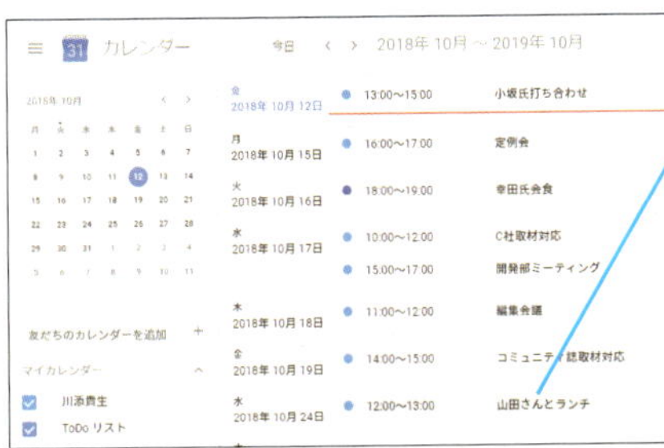

[スケジュール]ビューで削除したい予定を選択しておく

Back space を押す

予定が削除された

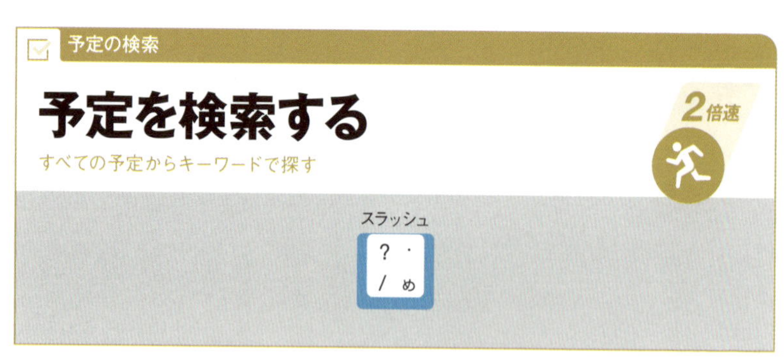

検索ボックスが表示され、キーワードに該当する予定を検索できます。Tab→Enterの順に押して検索オプションを表示すると、より詳細な検索が可能です。

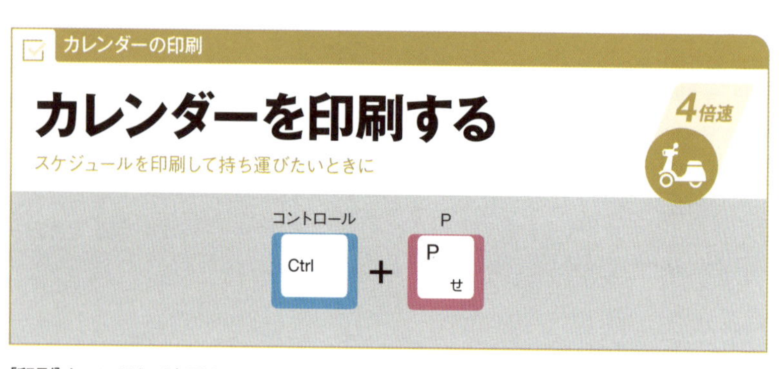

[印刷]ウィンドウが表示され、カレンダーを印刷できます。印刷する期間や文字の大きさ、印刷の向きなどを設定できます。

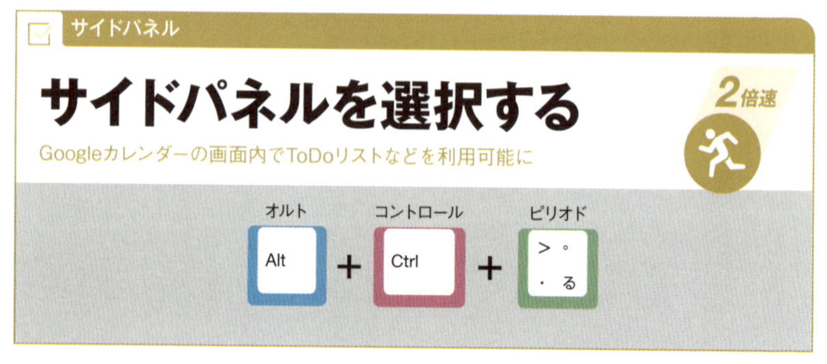

画面右側のサイドパネルにカーソルを移動し、メモアプリの「Google Keep」やToDoリストをEnterで表示します。あらかじめサイドパネルを開いておく必要があります。

Gmailでショートカットキーを有効にするには

Gmailですべてのショートカットキーを利用するには、設定を有効にする必要があります。以下のように[Shift]＋[/]を押して有効にしましょう。

Gmailにログインしておく

❶[Shift]＋[/]を押す

[キーボード ショートカット]ウィンドウが表示された

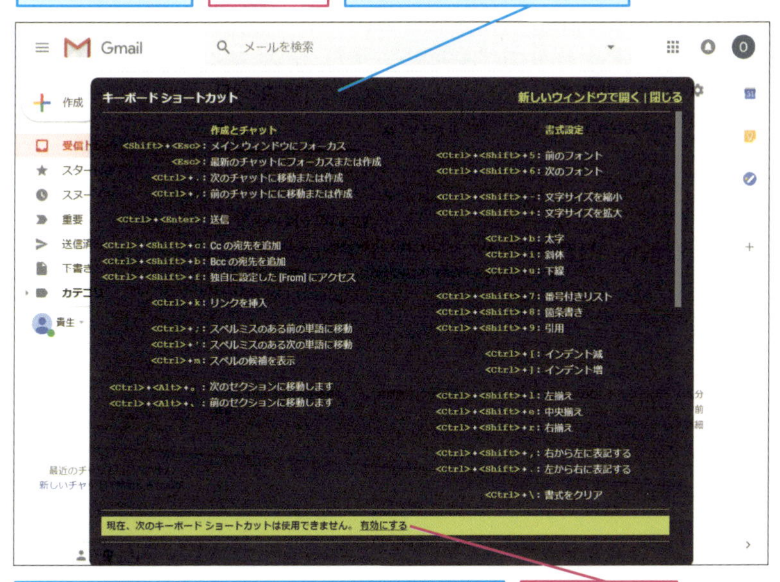

[現在、次のキーボードショートカットは利用できません]以下のショートカットキーは無効になっている

❷[有効にする]をクリック

すべてのショートカットキーを利用できるようになった

❸[Esc]を押す

ウィンドウが非表示になる

ポイント

- 設定を無効にしたいときは、同様の手順で操作して[無効にする]をクリックします。
- 画面右上にある［設定］のアイコンをクリックして［設定］を選択すると、Gmailの設定画面が表示されます。設定画面の［全般］タブにある［キーボードショートカット］からも設定を変更できます。

索引

項目の色は以下の各アプリを表しています。
●Windows ●Word
●Excel ●PowerPoint
●Outlook ●Chrome
●Gmail ●Googleカレンダー

アルファベット

●Chromeメニュー――167
●Cortana――16
●ToDoリスト――184
　サイドパネルに表示――200
●Webページ
　印刷――162
　キャッシュ――171
　項目間の移動――163
　ズーム――172
　スクロール――164
　設定――167
　全画面表示――172
　保存――162
　ページ内検索――170
●Windows Ink Workspace――17

あ

●アーカイブ――182
●アウトライン表示（PowerPoint）――130
●アウトライン表示（Word）――73
　アウトラインレベルの変更――74
　折りたたむ――76
　段落の入れ替え――75
　見出しスタイル――76
●アクションセンター――17
●アドレスバー（Chrome）――161
●アドレスバー（Windows）――39
●アプリの起動――18
●印刷（Chrome）――162
●印刷（Googleカレンダー）――200
●印刷（Windows）――27
●ウィンドウの操作
　移動――40
　切り替え――19
　最大化――41
　左右寄せ――42
　新規ウィンドウ――25
●ウィンドウ枠の固定――123
●上付き文字――62
●エクスプローラー――29
　アイコンの表示――30
　アドレスバー――39
　検索――33
　フォルダーの移動――31
　フォルダーの作成――33
　プレビューパネル――38
●オブジェクト
　大きさの変更――132
　回転――132
　グループ化――131
　図形の挿入――132
　フォントの設定――133
　複製――129
　文字揃え――133

か

●カーソルの移動
　段落を移動――50
　文書の先頭、末尾――50
　ページを移動――50
　ページを指定――51
●ガイド――134
●改ページ――55
●拡張選択モード――52
●箇条書き――66
●下線――61
●仮想デスクトップ――21
　切り替え――22

削除――22
追加――21
●カレンダーの追加――194
●カレンダーの表示（Googleカレンダー）
カスタムビュー――196
今日――194
［週］ビュー――196
［スケジュール］ビュー――197
前後の期間――193
［月］ビュー――195
日付の指定――194
［日］ビュー――196
●カレンダーの表示（Outlook）――149
●機能の切り替え――142
●キャッシュ――171
●行間――67
●行数――81
●切り取り――25
●均等割り付け――57
●クイック分析――115
●クイックリンクメニュー――48
●矩形選択モード――53
●グラフ――114
●グリッド――134
●クリップボードの履歴――26
●罫線――104
削除――105
●検索（Excel）――120
●検索（Gmail）――190
●検索（Googleカレンダー）――200
●検索（Windows）――16
●検索（Word）――82
●コピー――25
●コメント――121
コメントがあるセルの選択――122

さ

●サイドパネル――200
●再読み込み――171
●下付き文字――62
●斜体――61
●シャットダウン――48
●ジャンプリスト――18
●受信トレイ――186
●ショートカットメニュー――28, 40
●条件付き書式――115
●書式なしで貼り付け――54
●書式のコピー――78
●書式の選択――82
●書式の貼り付け――79
●数式を表示――111
●スクリーンショット――44
●スター――180
スター付きのスレッドを選択――189
●スタートメニュー――14
●スタイル――77
●すべて選択――23
●スライド
一覧の表示――135
追加――127
テーマの変更――129
非表示化――129
複製――129
レイアウトの変更――128
●スライドショー――136
書き込みの消去――140
拡大と縮小――138
スライドの一覧――137
スライドの移動――138
中断――138
ペン――139

索引

マウスポインターの表示――140
レーザーポインター――140
● スレッド――177
ToDoリストに追加――184
アーカイブ――182
一覧に戻る――185
移動――182
既読化――183
削除――184
スター――180
スヌーズ――179
すべて選択――189
すべて開く――179
スレッド内のメール――178
選択――177, 187
選択解除――189
取り消し――184
開く――177
未読化――183
未読のみ選択――188
ミュート――179
ラベル――181
● 設定――17
● セルの移動
指定のセルに移動――97
セルA1に移動――94
端のセルに移動――96
表の最後に移動――95
● セルのコピー
値をコピー――87
上のセル――86
数式をコピー――87
左のセル――87
● セルの書式設定――107
● セルのデータ入力
合計――90
時刻――89
日付――89
複数のセルに入力――85
フラッシュフィル――89
リストから入力――88
● セルの非表示――103
● セルの表示形式
通貨――109
桁区切り記号――109
パーセント――108
標準――109
● セルの編集――84
● セル範囲の選択
行、列の選択――98
行全体を選択――102
最後のセルまで選択――101
「選択範囲に追加」モード――100
「選択範囲の拡張」モード――101
表全体を選択――99
列全体を選択――101
● セル範囲の名前――91
選択範囲から作成――118
名前の管理――119
● セルを削除――93
● セルを挿入――92
● 操作の繰り返し――110

た

● タイムライン――20
● ダウンロード画面――169
● タスク
完了――155
追加――154

●タスクバー 18
●タスクビュー 20
●タスクマネージャー 46
●タブ
シークレットウィンドウ 160
新規ウィンドウ 160
新規タブ 159
タブの移動 159
閉じたタブを開く 158
閉じる 160
●段落書式の解除 72
●段落の間隔 67
●置換（Excel） 120
●置換（Word） 82
●中央揃え 68
●著作権記号 56
●通知領域 15
●データバー 115
●テーブル 112
●デスクトップ 15
●取り消し線 106

な

●名前の変更 32
●二重下線 62

は

●左インデント 70
●左揃え 69
●ピボットテーブル 113
●表示モード 43
●標準のスタイル 77
●表の挿入 64
表の編集 65
●ファイル 27
印刷 27
削除 35
新規作成 25
閉じる 36
開く 27
保存 27
●ファイル名を指定して実行 45
●フィルター 116
●フォントの変更 58
●［フォント］ダイアログボックス 60
●複数選択 24, 34
●付箋 17
●ブックマーク 165
すべてのタブをブックマーク 166
ブックマークの編集 166
ブックマークバー 166
●フッター 80
●太字 61
●ぶら下げインデント 71
●フラッシュフィル 89
●プレースホルダー 126
●プレビューパネル 38
●プロジェクター 43
●プロパティ 37
●ページ区切り 55
●ヘッダー 80

ま

●右揃え 69
●ミュート 179
●メール（Gmail）
Bcc 175
Cc 175
作成 174

索引

全員に返信――176
送信――175
転送――176
返信――176
● メール（Outlook）
削除――147
作成――145
送受信――147
転送――146
フォルダーの移動――143
フラグ――156
別のウィンドウで開く――144
返信――146
未読化――147
● 迷惑メール――183
● 文字カウント――81
● 文字書式の解除――63
● 文字選択
1行ずつ選択――52
1段落ずつ選択――52
拡張選択――52
矩形選択――53
● 文字入力
記号――56
時刻――56
日付――56
● 文字の拡大――59
● 元に戻す――23

や

● やり直す――23
● 予測候補――162
● 予定（Googleカレンダー）
印刷――200
削除――199
作成――192
編集――198
● 予定（Outlook）
作成――148
定期的な予定――148
日付の指定――151
表示期間の切り替え――149
表示日数の設定――150

ら

● ラベル――181
● リボン――33
● 領域の移動――133
● 両端揃え――69
● 履歴――168
前後のページ――164
● ルーラー――134
● レーザーポインター――140
● 連絡先
アドレス帳――153
追加――152
フラグ――156
● ロック――47

わ

● ワークシート
削除――124
左右スクロール――123
追加――124
名前の変更――124

■著者
株式会社インサイトイメージ
川添貴生（かわぞえ たかお）

クラウドやセキュリティ、ネットワーク、アプリケーションなど、テクノロジーやソリューションについての解説を各種媒体向けに執筆。また出版物の企画立案や制作業務の支援、マーケティングおよびリサーチ業務のサポートも行っている。近著に『できるDocuWorks 9』、『できる Office 365 Business/Enterprise対応 2018年度版』、『できるポケット OneNote 2016/2013 基本マスターブック Windows/iPhone&iPad/Androidアプリ対応』（インプレス）など。

STAFF

カバーデザイン	株式会社ドリームデザイン
本文フォーマット	株式会社ドリームデザイン
DTP 制作	株式会社トップスタジオ
制作協力	町田有美
デザイン制作室	今津幸弘 <imazu@impress.co.jp>
	鈴木　薫 <suzu-kao@impress.co.jp>
制作担当デスク	柏倉真理子 <kasiwa-m@impress.co.jp>
編集	株式会社トップスタジオ
デスク	山田貞幸 <yamada@impress.co.jp>
副編集長	小渕隆和 <obuchi@impress.co.jp>
編集長	藤井貴志 <fujii-t@impress.co.jp>

本書は、Windows、Word、Excel、PowerPoint、Outlook、Chrome、Gmail、Googleカレンダーの操作方法について、2018年11月時点での情報を掲載しています。紹介しているハードウェアやソフトウェア、サービスの使用法は用途の一例であり、すべての製品やサービスが本書の手順と同様に動作することを保証するものではありません。
本書の内容に関するご質問については、該当するページや質問の内容をインプレスブックスのお問い合わせフォームより入力してください。電話やFAXなどのご質問には対応しておりません。なお、インプレスブックス（https://book.impress.co.jp/）では、本書を含めインプレスの出版物に関するサポート情報などを提供しております。そちらもご覧ください。
本書発行後に仕様が変更されたハードウェア、ソフトウェア、サービスの内容などに関するご質問にはお答えできない場合があります。該当書籍の奥付に記載されている初版発行日から3年が経過した場合、もしくは該当書籍で紹介している製品やサービスについて提供会社によるサポートが終了した場合は、ご質問にお答えしかねる場合があります。また、以下のご質問にはお答えできませんのでご了承ください。

- 書籍に掲載している手順以外のご質問
- ハードウェア、ソフトウェア、サービス自体の不具合に関するご質問

本書の利用によって生じる直接的または間接的被害について、著者ならびに弊社では一切の責任を負いかねます。あらかじめご了承ください。

■商品に関する問い合わせ先
インプレスブックスのお問い合わせフォームより入力してください。
https://book.impress.co.jp/info/
上記フォームがご利用いただけない場合のメールでの問い合わせ先
info@impress.co.jp

■落丁・乱丁本などの問い合わせ先
TEL　03-6837-5016　FAX　03-6837-5023
service@impress.co.jp
受付時間　10:00 ～ 12:00 ／ 13:00 ～ 17:30
（土日・祝祭日を除く）
●古書店で購入されたものについてはお取り替えできません。

■書店／販売店の窓口
株式会社インプレス 受注センター
TEL　048-449-8040　FAX　048-449-8041

株式会社インプレス 出版営業部
TEL　03-6837-4635

できるポケット　時短の王道
ショートカットキー全事典 改訂版

2018年12月21日　初版発行
2019年7月21日　第1版第4刷発行

著　者　株式会社インサイトイメージ＆できるシリーズ編集部

発行人　小川 亨

編集人　高橋隆志

発行所　株式会社インプレス
〒101-0051　東京都千代田区神田神保町一丁目105番地
ホームページ　https://book.impress.co.jp/

印刷所　株式会社廣済堂
ISBN978-4-295-00522-3 C3055

Printed in Japan